国家级一流本科课程配套教材

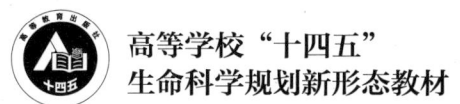

高等学校"十四五"
生命科学规划新形态教材

U0772054

生物化学与
分子生物学实验（第2版）

主　编　谢　苗

副主编　沙　莉　贾玉龙　邓加聪

编　者（按姓氏拼音排序）

陈观水　陈国强　崔　凯　邓加聪　甘纯玑

贾玉龙　金火喜　赖晓芳　李今煜　林　玲

罗小叶　母应春　齐　琦　沙　莉　王雪郦

谢　苗　赵伊英　郑　虹　郑　燕　郑志忠

中国教育出版传媒集团

高等教育出版社·北京

内容提要

本书介绍了生物化学与分子生物学实验的基本理论和技术。全书分为两篇：第一篇介绍了生物化学与分子生物学的实验技术与原理；第二篇选编了 42 个实验，包括蛋白质分析、酶的纯化与测定、糖类的提取与测定、脂质及维生素的分析、核酸提取与操作、PCR 技术、外源蛋白表达等方面的实验内容。同时数字课程资源也相应提升，每个实验项目都提供了课程 PPT，增加了实验应用的拓展和预习小测，制作了基础实验项目的视频。本教材优化了实验内容，有助于提升教学效率，有利于学生更好地了解实验内容的发展和应用，培养学生的实验技能，提高学生分析问题和解决问题的能力。

本教材可作为高等院校生物类、农林类及相关专业生物化学与分子生物学实验课程的教学用书，也可作为研究生及有关科研人员的参考书。

图书在版编目（CIP）数据

生物化学与分子生物学实验 / 谢苗主编；沙莉，贾玉龙，邓加聪副主编． -- 2 版． -- 北京：高等教育出版社，2024.8． -- ISBN 978-7-04-062869-2

Ⅰ．Q5-33；Q7-33

中国国家版本馆 CIP 数据核字第 2024BH2242 号

SHENGWUHUAXUE YU FENZISHENGWUXUE SHIYAN

策划编辑 高新景 李明洋　　责任编辑 高新景　　封面设计 李小璐　　责任印制 沈心怡

出版发行	高等教育出版社		网　　址	http://www.hep.edu.cn
社　　址	北京市西城区德外大街4号			http://www.hep.com.cn
邮政编码	100120		网上订购	http://www.hepmall.com.cn
印　　刷	涿州市星河印刷有限公司			http://www.hepmall.com
开　　本	850mm×1168mm　1/16			http://www.hepmall.cn
印　　张	9.75		版　　次	2014 年 8 月第 1 版
字　　数	220 千字			2024 年 8 月第 2 版
购书热线	010-58581118		印　　次	2024 年 8 月第 1 次印刷
咨询电话	400-810-0598		定　　价	25.00元

本书如有缺页、倒页、脱页等质量问题，请到所购图书销售部门联系调换
版权所有　侵权必究
物 料 号　62869-00

新形态教材·数字课程（基础版）

生物化学与分子生物学实验（第2版）

主编　谢苗

登录方法：

1. 电脑访问 http://abooks.hep.com.cn/62869，或微信扫描下方二维码，打开新形态教材小程序。
2. 注册并登录，进入"个人中心"。
3. 刮开封底数字课程账号涂层，手动输入 20 位密码或通过小程序扫描二维码，完成防伪码绑定。
4. 绑定成功后，即可开始本数字课程的学习。

绑定后一年为数字课程使用有效期。如有使用问题，请点击页面下方的"答疑"按钮。

新形态教材网 Abooks

关于我们 | 联系我们　　登录/注册

生物化学与分子生物学实验（第2版）

谢　苗

开始学习　　收藏

　　生物化学与分子生物学实验（第2版）数字课程与纸质教材配套使用，是纸质教材的拓展与补充。数字课程内容包括思维导图、思考与探索、答案提示、预习小测等拓展学习内容，与纸质教材内容相对应，方便广大教师教学与学生自主学习。

http://abooks.hep.com.cn/62869

前　言

　　生物化学和分子生物学是生物学、生态学、食品科学、海洋科学、动物科学、农学、植物保护、林学、园艺、茶学等学科的重要基础学科。生物化学与分子生物学实验是高校生物学类专业和许多相关专业的专业基础课，是生物化学、分子生物学理论教学的延伸和补充，也是掌握现代生物学研究技术与方法的重要实践环节。加强生物化学与分子生物学实验教学成为培养和提高相关专业学生实践动手能力和科技创新能力的重要手段，也是更新教育观念、积极推进创新教育、不懈探索培养创新人才的途径之一，为新农科、新工科人才的培养奠定扎实基础。

　　本教材自 2014 年第 1 版出版之后，被多所高校选用，反馈良好。在高等教育出版社的策划下，第 2 版教材组织了福建农林大学、贵州大学、石河子大学、浙江海洋大学、江苏海洋大学、福建技术师范学院和福州理工学院 7 所高校的一线骨干教师，精心编写，力求简明实用，使学生在收获良好的实践体验和掌握实验技术的同时，也能够得到规范系统的科研训练。本教材基本延续第 1 版教材的编写结构，第一篇为实验技术与原理，第二篇为实验模块与内容。第一篇对生物化学与分子生物学实验涉及的基础实验技术原理、基本实验技术及其应用，进行了简要介绍，与第 1 版相比，我们增加了思维导图和常用技术介绍，补充了近年的新技术，如"过滤与膜分离技术"中增加了纳滤，"聚合酶链式反应技术"中增加了原位 PCR 等。第二篇参照理论课章节编排设计了"蛋白质分析与测定""酶的分离、纯化与测定""糖类的提取与测定""脂质及维生素的提取与测定""核酸提取与相关操作技术""PCR 技术与应用""质粒操作技术"等单元，共 40 个基础实验和 2 个综合实验。附录列出了实验室安全知识及注意事项、常用缓冲液配制、核酸和蛋白质电泳相关试剂及缓冲液的配制、硫酸铵饱和度计算表等内容。每个实验项目打破常规格式，将实验步骤置于溶液配制、实验材料与耗材、仪器与设备这 3 部分内容之前，这样有利于学生在了解步骤后思考所需溶液和试剂用量，方便学生自行小结整个实验所需仪器和材料等，养成独立思考、善于计划的实验习惯。

　　本教材采用"纸质教材＋数字课程"的新形态出版形式，在纸质教材知识架构基础上，利用数字资源延伸了实验内容，提供基础实验的教学视频、实验项目配套的 PPT，在思考与探索部分增加了应用性的拓展，以及实验项目的预习小测，以期能提高实验教学效率，帮助学生更好地了解实验内容，培养学生的实验技能，提高学生分析问题和解决问题的能力。

　　参与本教材编写的人员有：福建农林大学谢苗、沙莉、陈观水、郑燕、李今煜、林玲、崔凯、甘纯玑，贵州大学贾玉龙、王雪郦、罗小叶、齐琦、母应春，石河子大学赵伊英，浙江海洋大学金火喜，江苏海洋大学赖晓芳、陈国强，福建技术师范学院邓加聪、郑虹，福州理工学院郑志忠。

　　本教材在编写过程中参阅了众多书籍和文献，在此表示诚挚的感谢。由于编者水平有限，书中难免存在缺点和错误，恳请读者批评指正，以便今后修订补充。

编　者

2024 年 6 月

目　录

>>> **第一篇**

··· **实验技术与原理**

思维导图 1-1

>>> 第一章 实验材料的预处理

一、知识要点

生物大分子，反复冻融，研磨，组织捣碎，酶解

二、基本原理

生物大分子（蛋白质、核酸、脂质和糖类）的制备是生物学实验的基础。根据待分离生物大分子的含量和性质选定材料之后，为提高生物大分子的获得率及活性，通常要进行材料预处理。因选用材料的特点各异，动物、植物和微生物材料预处理的要求也不相同。动物组织一般先要剔除结缔组织、脂肪组织等非活性部位；植物种子要先去壳、脱脂；微生物则需要将菌体与发酵液分开。预处理好的材料若不能立即进行实验，应放入液氮或超低温冷冻保存。

利用材料制备物质时，必须明确所制备物质在生物体中的存在形式及部位，如属于分泌到体外的分泌物，则不必进行组织细胞破碎；对于细胞内或多细胞生物组织中的各种生物大分子，都需要事先将细胞和组织破碎，使生物大分子充分释放到溶液中。不同生物体或同一生物体不同部位的组织，其细胞破碎难易不一，使用方法也不相同，如动物脏器的细胞膜较脆弱，容易破碎，而植物和微生物由于具有较坚固的纤维素、半纤维素组成的细胞壁，需要采取专门的细胞破碎方法。组织细胞破碎的方法包括机械破碎法、物理破碎法、化学破碎法与生物破碎法。

三、常用技术简介

1. 机械破碎法：常用的机械破碎方法有高压匀浆法、高速珠磨法及超声波处理等，其基本原理是基于液相或固相剪切来破碎细胞，这些剪切力可以通过高压匀浆器或机械驱动的破碎机获得。

2. 物理破碎法：借助物理学方法使样品脱水或细胞鼓胀破碎。主要有干燥法、反复冻融法及渗透压冲击法等。其中干燥法又可分为热风干燥、真空干燥及冷冻干燥等。

3. 化学破碎法：通过在样品中加入化学试剂改变细胞壁或膜的通透性，从而使目标物选择性地渗出。

4. 生物破碎法：利用生物酶反应分解细胞壁上特殊的化学键，以达到破壁的目的，也可利用组织中自溶酶的作用改变、破坏细胞结构，释放出目标物。

四、常用仪器简介

1. 高速组织捣碎机（图 1-1）：高速组织捣碎机是在极高的旋转速度（12 000 r/min）

下，利用旋刀对样品进行劈裂、碾碎、掺和等过程，将样品搅拌捣碎。该仪器对黏度高的液体及质地硬的样品（如骨头等）均不适宜。市售的高速组织捣碎机结构基本相同，主要由刀、轴、捣桶等构成，功率一般较高、转速快，样品处理量大，操作简便。操作时注意在使用后一定要擦拭清洗并烘干匀浆杯和匀浆棒，其上不允许有水滴污物残留，以免发生交叉污染。

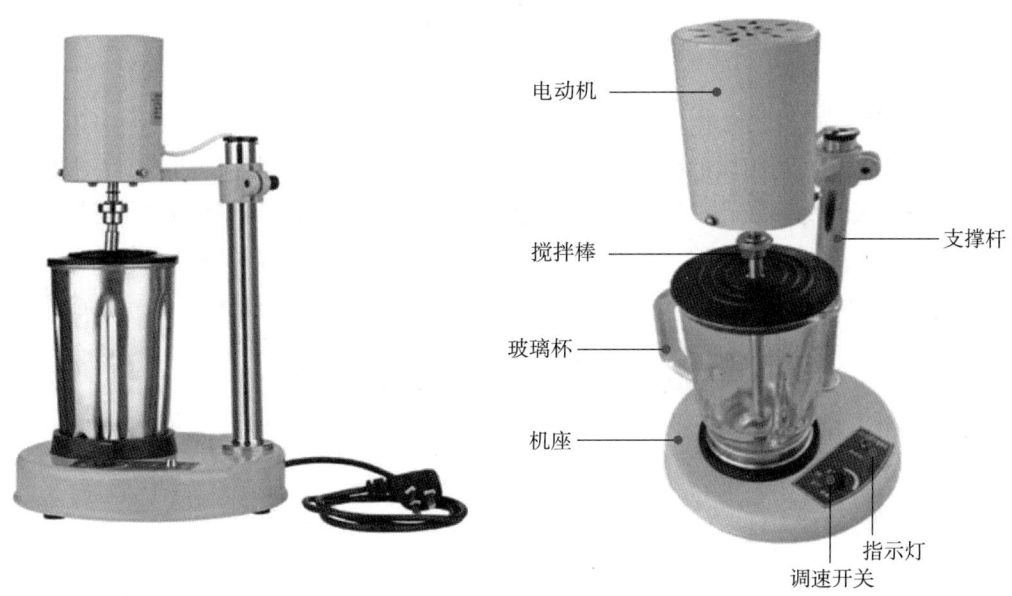

图 1-1　高速组织捣碎机

2. 超声波细胞破碎仪（图 1-2）：超声波细胞破碎仪是将电能转换为声能，然后利用强超声在液体中产生空化效应，即形成一个个密集的小气泡，这些小气泡会像炸弹一样炸开，从而起到破碎细胞的作用。超声波细胞破碎仪主要由超声波发生器和换能器两大部分组成。超声波发生器将市电转变成 18～21 kHz 交变电能供给换能器。锆钛酸钡压电振子是换能器的"心脏"，它随交变电压以 18～21 kHz 频率作伸缩弹性形变，换能器随之纵向机械振动。振动波通过浸入在生物溶液中的钛合金变幅杆产生空化效应，激发介质里的生物微粒剧烈振动。注意事项：不可空超，空超对超声波细胞破碎仪的伤害很大；超声波细胞破碎仪的变幅杆（超声探头）不要贴壁，应插入溶液中，且位于溶液中间高度，这是因为超声波是垂直纵波，插入太深不容易形成对流，影响破碎效率；超声时间每次不能过久，最好不超过 5 s，间隙时间应大于或等于超声时间，这样可较好地散热。

图 1-2　超声波细胞破碎仪

ⓔ 教学视频 1-1
超声波细胞破碎仪
使用

实验结束后要用酒精擦洗探头或用清水进行超声洗涤。

五、实验应用

【应用一】 在实验中，许多生物材料比如动物的肌肉组织、结缔组织、骨组织、毛发组织等，植物的根、茎、叶、种子等均需磨碎预处理，随后才能对其生物大分子如活性成分、核酸与蛋白质及其结构和功能进行研究。液氮研磨是提取组织 DNA 或 RNA 中常用的组织破碎方法。液氮的温度为 –196℃，它既能使各种组织成分不易被破坏或降解，又能使组织变硬，脆性增加，易于磨碎。

【应用二】 纯化原核表达重组蛋白实验中，在优化诱导表达条件后，一般还需要诱导大量宿主菌，对菌体进行破碎以获取目的蛋白。实验室经常使用的破碎方法有超声波破碎和反复冻融破碎，还可结合酶溶解细胞壁的方法。在超声破碎时，局部温度过高也会使蛋白质发生变性，故需要在冰浴中进行。另外，破碎时间也不宜过长。另一种常用的破碎方法是反复冻融，即将重悬的菌体先放入 –80℃冰箱，或者液氮中使其完全冻结，然后取出放在常温（一般 30℃左右）解冻，当完全解冻后再放入低温冷冻，重复 3~6 次，可获得较好的破碎效果。

ⓔ 答案提示 1-1

六、思考与探索

在进行材料预处理时，如何选择破碎法进行处理？

（陈观水　邱爱连）

ⓔ 思维导图 1-2

>>> 第二章　提取与沉淀分离技术

一、知识要点

提取，沉淀分离，盐析沉淀，等电点沉淀，有机溶剂沉淀，选择性沉淀，有机聚合物沉淀

二、基本原理

提取与沉淀是分离生物大分子制备过程中的关键环节。提取是指根据生物大分子的性质，用适当的溶剂（或溶液）处理破碎的细胞，使欲分离物质充分溶解到溶剂（或溶液）中，即由固相转入液相，或从细胞内的生理状态转入外界特定的溶剂（或溶液）中，并尽可能保持原来的天然状态，不丢失生物活性的过程。一般来说，极性物质易溶于极性溶剂中，非极性物质易溶于非极性的有机溶剂中。因此，生物大分子的分离根据提取液的类型可分为水溶液提取（包括缓冲液、稀酸、稀碱和蒸馏水）和有机溶剂提取（常用丙酮、乙醇、异丙醇等）。

生物大分子经提取之后，由于粗提液的体积一般比较大，需经浓缩、分离和纯化等步骤才能获得目的产物。沉淀分离是最常用的一种方法，是指根据不同物质在溶剂中的溶解度不同，而达到分离的目的。不同溶解度的产生是由于溶质分子之间，及溶质与溶剂分子之间亲和力的差异。溶解度的大小与溶质和溶剂的化学性质及结构有关，溶剂组分的改变或加入某些沉淀剂，以及改变溶液的 pH、离子强度和极性，能使目标物质的溶解度降低，并从溶液中沉淀析出，从而与其他溶质分离。沉淀分离的方法有盐析沉淀法、等电点沉淀法、有机溶剂沉淀法、选择性沉淀法和有机聚合物沉淀法等。

三、常用提取与沉淀方法简介

1. 水溶液提取

蛋白质和酶的提取一般以水溶液为主。稀盐溶液和缓冲液对蛋白质的稳定性好，溶解度大，是提取蛋白质和酶最常用的溶剂。用水溶液提取生物大分子受温度、提取液 pH 及盐浓度的影响。

2. 有机溶剂提取

一些和脂质结合比较牢固或者分子中非极性侧链较多的蛋白质和酶难溶于水、稀盐溶液、稀酸或稀碱中，可用乙醇、丙酮或丁醇等具有一定的亲水性，且具有较强亲脂性的有机溶剂提取，这些试剂是理想的提取脂蛋白的溶剂，但必须在低温下操作。

3. 盐析沉淀

在生物大分子粗提液中加入大量的中性无机盐，使某些大分子物质的溶解度降低沉淀析出，而与其他成分分离的方法，称为盐析法。盐析法主要用于蛋白质的分离纯化。常作盐析的无机盐有硫酸铵、氯化钠、硫酸钠、硫酸镁等。

4. 有机溶剂沉淀

水溶性有机溶剂加入含生物大分子的溶液后，降低了溶液的介电常数，破坏水化膜，使溶质分子疏水性增加，聚集形成沉淀。有机溶剂沉淀多用于蛋白质和酶、多糖、核酸以及生物小分子的分离纯化。常用的有机溶剂有乙醇、甲醇、丙酮、异丙醇等。

5. 等电点沉淀

等电点沉淀是利用两性分子在电中性时溶解度最低，且各种不同的两性分子具有不同等电点，进行分离的一种方法。两性分子在处于 pI 时，再加上其他沉淀因素，则易沉淀析出。等电点沉淀可用于氨基酸、蛋白质及其他两性物质的沉淀，但该法较少单独应用，多与其他方法结合使用。

6. 选择性沉淀法

根据各种蛋白质在不同物理化学因子作用下稳定性不同的特点，采用适当的选择性沉淀法，即可使杂蛋白变性沉淀，而欲分离的有效成分则存在于溶液中，从而达到纯化有效成分的目的。

7. 有机聚合物沉淀

有机聚合物沉淀是发展较快的一种方法，主要使用聚乙二醇（polyethyene glycol，PEG）作为沉淀剂。该法最早应用于提纯免疫球蛋白和沉淀一些细菌与病毒，近年来在核酸和酶的纯化中被广泛应用。

四、实验应用

【应用一】 咸鸭蛋蛋清经预处理后得到均质液，用 1 mol/L 的 HCl 溶液和柠檬酸调节 pH 为 5，沉淀离心，将沉淀水洗脱盐后，得到卵黏蛋白。上清液用 0.4 g/L $(NH_4)_2SO_4$ 溶液和 0.2 g/L 柠檬酸组合盐沉淀分离卵转铁蛋白。向除去卵转铁蛋白的上清液中加入终体积分数为 30% 的无水乙醇，沉淀分离卵清蛋白。

【应用二】 新鲜绿豆磨粉后，过 80 目筛，加入石油醚脱脂。采用碱溶酸沉法提取绿豆蛋白。脱脂绿豆粉与去离子水以料水比 1∶5（m/V）混合，以 1 mol/L 的 NaOH 溶液调节 pH 至 9.0，40℃碱提 20 min，5 000 r/min 离心 10 min，取上清液以 1 mol/L 的 HCl 溶液调节 pH 至 4.0，沉淀 30 min，5 000 r/min 离心 10 min，所得沉淀物经透析冻干后即得绿豆总蛋白。

ⓔ 答案提示 1-2

五、思考与探索

1. 影响提取的因素主要有哪些？
2. 核酸沉淀提取的方法主要有哪些？

（崔　凯　刁志娟）

ⓔ 思维导图 1-3

>>> 第三章　过滤与膜分离技术

一、知识要点

过滤，膜分离，粗滤，微滤，超滤，反渗透，透析，纳滤

二、基本原理

过滤是借助过滤介质将不同大小、不同形状的物质分离的技术过程。根据过滤介质的不同，过滤可以分为膜过滤和非膜过滤两大类。采用高分子膜以外的材料作为过滤介质的统称为非膜过滤，包括粗滤和部分微滤，简称为过滤。采用选择性透过膜作为过滤介质的统称膜过滤，该技术借助于一定孔径的高分子薄膜，将不同大小、不同形状和不同特性的物质颗粒或分子进行分类，又称为膜分离技术，包括大部分微滤、超滤、反渗透、透析及电渗析等技术。

三、常用技术简介

1. 粗滤

过滤介质截留悬浮液中直径大于 2 μm 的物质，这种技术称为粗滤。常用的过滤介质有滤纸、滤布、多孔陶瓷等。根据推动力的产生条件不同，过滤可分为常压过滤、加压过滤和减压过滤。常压过滤是以液位差为推动力的过滤。加压过滤是以压力泵或压缩空气产生的压力为推动力。减压过滤是通过在过滤介质的下方抽真空，以增加过滤介质上、下方之间的压力差，推动液体通过过滤介质的方法，通常又称为真空过滤或抽滤。

2. 微滤

微滤截留颗粒直径为 0.1 ～ 10 μm 的物质，也称为微孔过滤。常用的过滤介质有微孔陶瓷、微滤膜等。

3. 超滤

超滤是借助于超滤膜将不同大小的物质颗粒或分子分离的技术。超滤膜能截留分子量为 $10^2 ～ 10^5$ Da 或更大的溶质。超滤技术不仅用于生化物质的分离纯化，同时还可以达到溶液浓缩的目的。

4. 反渗透

反渗透膜的截留分子量小于超滤膜，能截留水中的各种无机离子、胶体物质和分子量超过 100 Da 的有机物。透过物为水。

5. 透析

透析就是最常见的一种扩散膜分离技术，是利用小分子物质的扩散作用，不断透过半透膜扩散到膜外，而大分子物质被截留在半透膜内，从而达到分离效果。

6. 纳滤

纳滤是 20 世纪 80 年代末期发展起来的膜分离技术。纳滤膜截留分子量介于反渗透膜和超滤膜之间，可以有效截留二价和多价离子，以及分子量大于 200 Da 的物质。

微滤、超滤、纳滤和反渗透都是以压力差为推动力的膜分离过程。而透析则是溶质以浓度差作为传质推动力，选择性扩散通过半透膜。

四、实验应用

【应用一】 实验室中常用的减压过滤装置包括：布氏漏斗、抽滤瓶和抽真空装置（图 3–1）。其操作方法是通过橡皮塞将布氏漏斗与抽滤瓶相连，抽滤瓶的侧管用橡皮管与抽真空装置（如真空泵）相连。布氏漏斗的下端斜口应正对抽滤瓶的侧管。滤纸要比布氏漏斗内径略小，但必须全部覆盖漏斗的小孔；滤纸过大易造成边缘贴到漏斗壁上，使部分溶液不经过过滤，沿壁直接漏入抽滤瓶中。抽滤前用同一溶剂将滤纸润湿后抽滤，使其紧贴于漏斗的底部，然后再向漏斗内转移溶液。

【应用二】 蛋白质纯化过程常用盐析分离，由于在盐析过程中使用硫酸铵，带有大量的中性盐，所以要经过透析脱盐。透析装置包括透析袋、烧杯、磁力搅拌器等（图 3-2）。将蛋白质盐析沉淀移入透析袋中，排去透析袋中的空气，封口，然后将透析袋置于低温流动水中连续透析 24 h 以上，直至透析液用氯化钡检查无硫酸根存在。

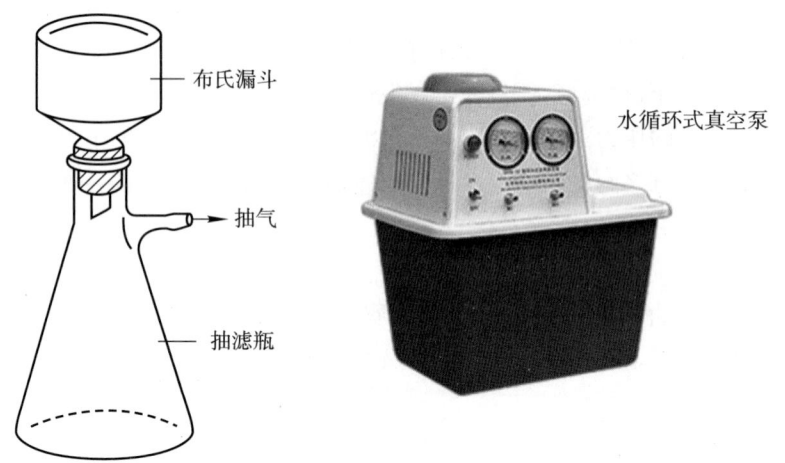

布氏漏斗

抽气

抽滤瓶

水循环式真空泵

图 3-1 减压抽滤装置

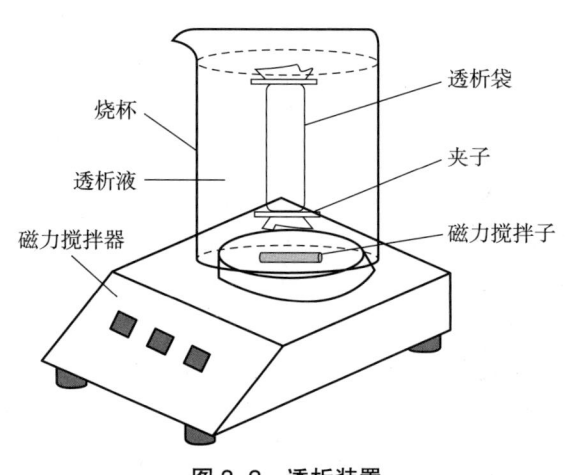

烧杯

透析液

磁力搅拌器

透析袋

夹子

磁力搅拌子

图 3-2 透析装置

【应用三】 超滤分离属于压力驱动型膜分离过程，需要用到超滤装置。在超滤装置中，选用某一规格的超滤膜，选定操作压力后，料液中含有的溶剂及各种小的溶质从高压料液侧透过滤膜到达低压侧，从而得到透过液，或称为超滤液。如在糖化酶的纯化中，选用截留分子量为 60 000 Da 的超滤膜，装好超滤装置，设定操作压力为 0.5 MPa，操作温度为 30℃，设定好流速，将粗酶液进行超滤，收集透过液。

五、思考与探索

1. 膜分离技术中的"膜"是何意？其作用是什么？
2. 膜分离技术常用的方法有哪些？这些方法可分离的对象是哪些？

（谢 苗）

>>> 第四章 萃取分离技术

ⓔ 思维导图 1-4

一、知识要点

分配定律，溶剂萃取，双水相萃取，超临界流体萃取，反胶团萃取，浸取

二、基本原理

萃取分离技术是利用溶质在互不相溶的两相之间分配系数的不同而使溶质得到纯化或浓缩的方法。分配定律是萃取的基本原理，指在一定的温度和压力下，溶质分配在两不相溶的溶剂中，达到平衡时，溶质在两相浓度之比为常数。互不相溶的两个液相分别称为重相和轻相或上相和下相。根据机理不同，萃取分为物理萃取和化学萃取。其中化学萃取是利用特殊的萃取剂有选择性地与溶质形成复合物，改变原溶质在两相的分配系数。

三、常用技术简介

1. 溶剂萃取

溶剂萃取又称为有机溶剂萃取，是利用溶质在互不相溶的水相和有机溶剂相中的溶解度不同，而达到分离和浓缩的技术。常用的有机溶剂有乙酸乙酯、乙酸丁酯、丁醇等。水相条件的变化对弱电解质的溶剂萃取效果影响显著。有机溶剂容易引起蛋白质、核酸等生物活性物质的变性失活，因此溶剂萃取不适于这些物质的分离提取。

2. 双水相萃取

双水相萃取是利用溶质在两个互不相溶的水相中的分配系数不同而达到分离的技术。如葡聚糖和聚乙二醇按一定比例混合形成高分子双水相系统，成相原理是聚合物之间的不相容性，即聚合物分子的空间阻碍作用，无法相互渗透，不能形成均一相，具有强烈的相分离倾向。而聚乙二醇和磷酸钾按一定比例混合则形成高分子和盐双水相系统，其成因主要是盐析作用而形成两相。由于双水相系统中的两相均是水相，因此该法适用于生物大分子和细胞、细胞器、病毒等的分离提取。

3. 超临界流体萃取

随着温度和压力的变化，纯净物会呈现出固态、液态、气态这三种相态的变化。当温度和压力达到临界点，物质的液态和气态界面消失，此时的状态称为超临界流体。临界点包括临界温度和临界压力。超临界流体兼具液体和气体的物理特性，密度接近液体，而黏度和扩散系数接近气体，是一种优良的萃取剂。CO_2 超临界流体无色、无毒、无味，不易燃，化学惰性，价格便宜，易制备，因此在实践中应用最多。

4. 反胶团萃取

将表面活性剂加入有机溶剂中，当浓度超过临界胶团浓度（即胶团形成时所需表面活性剂的最低浓度），表面活性剂就会在有机溶液中形成聚集体，这种聚集体称为反胶团或反胶束。在反胶团中，表面活性剂的非极性基团朝外，与有机溶剂接触，而极性基团朝内，形成一个极性内核，该极性内核吸收水分后形成能够溶解极性物质的微水池。反胶团萃取具有选择性高、能有效防止大分子失活、变性等优良特性。反胶团的尺寸大小与溶剂和表面活性剂的种类、浓度、温度、离子强度等因素有关。

5. 浸取

浸取是采用溶剂提取固体原料中的可溶组分，又称固液萃取。进行浸取的原料是溶质与不溶性固体的混合物，其中溶质是可溶组分，而溶剂中不能溶解的固体称为载体或惰性物质。常用的浸取溶剂有水、乙醇或其他有机溶剂，以及水溶液和醇的混合物。蛋白质和酶的提取一般以水溶液为主。稀盐溶液和缓冲液对蛋白质的稳定性强，溶解度大，是提取蛋白质和酶最常用的溶剂。水溶液法提取生物大分子受温度、提取液 pH 及盐浓度的影响。难溶于水的物质则用有机溶剂浸取。

四、实验应用

【应用一】 青霉素是最早被发现的抗生素，一般采用有机溶剂萃取法提取制备，选用丁酯从青霉素的发酵处理液（pH 2.0～2.5），提取青霉素；再经盐析脱水、活性炭脱色以及结晶等操作生产青霉素产品。

【应用二】 咖啡因是一种黄嘌呤生物碱化合物，属于中枢神经兴奋剂。将干燥的超临界 CO_2（323 K，29 MPa）从烘烤过的咖啡豆中萃取香料和芳香油，再用湿的超临界 CO_2 萃取咖啡因，最后将香料和芳香油回加到咖啡豆，从而得到低咖啡因的咖啡豆。

【应用三】 紫杉醇是红豆杉中主要活性成分，是萜类环状结构的天然次生代谢衍生物。有报道将红豆杉枝叶粉碎至 20～50 目，加入 3～5 倍体积石油醚，0～5℃放置 10～12 h 浸取活性物质。

五、思考与探索

1. 什么是分配定律？请说明分配定律成立需满足的条件。
2. 哪些萃取方法可用于从西红柿中提取番茄红素？请说明理由。

（沙 莉）

>>> 第五章 离心技术

思维导图 1-5

一、知识要点

离心力，相对离心力，转速，沉降速度，沉降系数

二、基本原理

悬浮液中的细小颗粒在重力场中会逐渐沉降。颗粒在重力场中移动的速率与微粒的密度、大小和形状有关，并且又与重力场的强度和液体的黏度有关。沉降与颗粒质量成正比，粒子越大沉降越快，反之密度比溶液小的粒子就向上漂浮。与此同时，颗粒在溶液中沉降时还伴随有扩散现象。颗粒越小沉降越慢，而扩散现象则越严重。因此，当溶液中的颗粒非常微小且与溶液密度相近时，必须采用离心给颗粒增加作用力来克服扩散的不利影响，实现生物大分子的分离。离心技术是利用离心机转子高速旋转产生的离心力使置于离心管中具有不同沉降系数和浮力密度的悬浮微小颗粒（细胞、细胞器、病毒和生物大分子等）以一定的速度沉降或漂浮而达到物质分离、浓缩和提纯的目的。

三、常用技术简介

1. 差速离心

差速离心是根据颗粒大小、形状、密度不同造成沉降速度的差异，通过逐渐提高离心转速或高速与低速离心交替进行，使具有不同质量的颗粒样品或大分子从混合液中分批沉降至管底，从而实现分离目的。该法适用于混合样品中各沉降系数差别较大的组分之间的分离，差别越大，分离效果越好。

2. 密度梯度离心

密度梯度离心是使待分离样品在惰性梯度介质（如氯化铯、甘油、蔗糖等）中进行离心沉降或沉降平衡，在离心力下将颗粒分配到梯度中的某些特定位置上，形成不同区带的分离方法，又称区带离心。密度梯度离心不仅可依据样品颗粒的重量及沉降系数进行分离，还可根据样品颗粒的密度、形状等特征进行分离。密度梯度离心适于分离密度有一定差异的样品。

3. 分析超速离心

分析超速离心是为了研究分析生物大分子的组成、分布，测定沉降系数、分子量等的超速离心方法，不是为了专门收集某一特定成分。它使用了特殊的转子和检测手段，以便连续监视物质在一个离心场中的沉降过程。

四、常用仪器简介

1. 离心机的主要类型

（1）制备型离心机：制备型离心机主要用于分离各种生物材料，按转速可分为低速、高速和超速三种。低速离心机最大转速在 5 000 r/min 左右，分离形式是固液沉降分离，通常不带制冷系统。高速离心机的转速为 10 000 ~ 25 000 r/min，通常带有制冷系统，分离形式是固液沉降分离。超速离心机的转速超过 25 000 r/min，最大相对离心力达 500 000 × g 甚至更高。

（2）分析型离心机：分析型离心机均属于超速离心机，这类离心机一般带有光学检测系统，主要用于研究纯的生物大分子和颗粒的理化性质，推断该物质的纯度、形状和相对分子量等。

2. 离心机的基本构造

离心机因机型、性能和作用的不同，在结构上也不尽相同，一般都由驱动系统、离心室和离心转头组成，离心转头的类型有角式转头、水平式转头、区带转头和连续流动转头。高速离心机和超速离心机都带有制冷系统、控制系统、防护系统等，超速离心机还装有真空系统。

教学视频 1-2
高速冷冻离心机

3. 离心机的基本操作规程及注意事项

（1）选择合适的转头：每个转头各有其最高允许转速，应根据转速和离心管选择合适的转头，并安装牢固。

（2）精密地平衡离心管及内容物：离心管装载溶液要适量，并在天平上精密地平衡离心管及内容物，对称放置在转头中。

（3）关紧盖子后再启动：启动前应将转头盖子及离心机盖子关紧；启动后，当转速达到预置转速时，操作者才能离开。

（4）每次使用后，必须仔细检查转头，及时清洗、擦干。

五、实验应用

【应用一】 离心技术广泛应用于化工、制药、食品工业等行业，所用的离心机一般为中大型工业生产设备。如脱脂牛奶的制备中，借助离心过程从普通牛奶中将脂肪分离出来，留下所需的脱脂牛奶。如在葡萄酒制备中将葡萄残渣等分离出来，以制备稳定和澄清的葡萄酒。

【应用二】 利用离心技术分离化学反应后产生的沉淀物、天然的生物大分子、无机物和有机物，在生物化学和其他生物学领域用来收集细胞、细胞器及生物大分子物质。离心技术还可以用于研究和分析大分子及其流体力学特征，如测定大分子的相对分子量、纯度估计、构象变化等。

【应用三】 离心技术广泛应用于医学领域。如用于从血液样本中分离出血液成分，从尿液中分离出尿液成分，新冠病毒检测时从鼻咽拭子所采的样品中分离核酸等。

六、思考与探索

1. 如何分离一种生物中的细胞器如线粒体、叶绿体等？
2. 离心分离样品时，如何确定离心机的转速和时间？

（郑　燕　陈观水）

>>> 第六章　层析技术

思维导图 1-6

一、知识要点

层析技术，纸层析，薄层层析，凝胶过滤层析，离子交换层析，亲和层析，反相层析

二、基本原理

层析技术又称为色谱技术或色层技术，是利用混合物中各组分在固定相和流动相间分配差异而获得分离。当流动相经过固定相时，由于物质在两相的分配不同，经过多次差异分配，倾向于分配在固定相的物质移动速度慢，倾向于分配在流动相的物质移动速度快，从而达到分离效果。层析法种类多样，根据流动相的不同可分为液相层析和气相层析；根据机理不同可分为分配色层（纸层析、薄层层析）、凝胶过滤层析、离子交换层析、亲和层析、反相层析、疏水作用层析、金属螯合层析；根据固定相的形状分为纸层析、薄层层析、柱层析；根据操作压力分为低压层析、中压层析、高压层析。

层析技术具有分离效率高、分辨率高、设备简单、操作方便、条件温和、生物活性物质不易失活等特点，该技术应用的范围很广，既可以用于少量物质的分析鉴定，又可用于大量物质的分离纯化制备。选择合适的层析技术，必须充分了解样品的性质，如分子量、溶解度、极性、稳定性、化学结构等物理化学性质，同时必须熟悉各种层析方法的特点及其应用范围。

三、常用技术简介

1. 纸层析

纸层析是以滤纸为载体的分配层析。所用滤纸要求质地均匀、纹路细、杂质少，有较好的机械强度，溶剂湿润后仍保持原状。纸层析的固定相是含有稳定结合水的纤维素，滤纸纤维间空隙允许流动相通过。由于纸层析设备简单、操作方便，样品用量少，被广泛应用在定量分析、物质鉴定等方面。

2. 薄层层析

薄层层析属于固 – 液吸附层析，是将吸附剂均匀地在玻璃板上铺成薄层，作为固定相。常用的吸附剂是硅胶和氧化铝。点样的位置靠近薄板的一端。选择适当的展开剂（流动相）在薄层板上扩散移动，经过吸附 – 解吸 – 再吸附 – 再解吸的反复过程，从而将各组分分离展开。薄层层析已成为色谱法的重要分支，可以应用于复杂混合物的定量定性分析和分离制备。

溶质的移动率用 R_f 值来表示：

$$R_f = \frac{溶质层析点中心到原点的距离}{溶剂前沿到原点的距离}$$

3. 凝胶过滤层析

凝胶过滤层析也称为分子筛或尺寸排阻色谱，是将混合物通过一定孔径的凝胶固定相，由于组分体积差异，不同分子量的组分获得分离。大分子溶质的移动速度比小分子快，先洗脱出来。常用的固定相有葡聚糖凝胶、琼脂糖凝胶、聚丙烯酰胺凝胶、多孔玻璃，流动相是不影响组分活性的缓冲液。凝胶过滤层析操作简便，设备简单，分离介质无须再生可反复使用，分离条件温和，分离效果较好，但分辨率不高，广泛应用在蛋白质、多肽、多糖、核酸等生物物质的分离纯化和脱盐操作，以及蛋白质分子量测定中。

4. 离子交换层析

离子交换层析是以离子交换剂为固定相，以适宜离子强度的盐溶液为流动相，根据溶质分子和离子交换剂间的静电作用力不同而分离的方法。其固定相分为阳离子交换剂和阴离子交换剂。阳离子交换剂带负电，可交换阳离子物质；阴离子交换剂带正电，可交换阴离子物质。离子交换层析具有料液处理量大、有浓缩作用、应用范围广等优点。蛋白质分离纯化常用的阴离子交换基团是 DEAE（二乙胺乙基）、阳离子交换基团是 CM（羧甲基）。

5. 亲和层析

生物亲和作用是一些生物物质（如抗体、酶、核酸）能识别并结合特定物质，且这种结合能力有排他性。亲和层析是利用亲和吸附作用分离纯化生物物质的液相层析。其固定相是键合上亲和配基的吸附介质。生物亲和作用力本质上主要包括静电力、氢键、疏水作用力、配位键、弱共价键。根据亲和作用体系特征开发适当的亲和配基修饰固定相。亲和层析是目前唯一大量应用的亲和纯化技术。

6. 反相层析

反相层析是以表面非极性的反相介质为固定相，以极性有机溶剂的水溶液为流动相，根据溶质极性差异而分离的方法。之前介绍的都是正相层析，即固定相的极性高于流动相，因此，在这种层析过程中非极性分子或极性小的分子比极性大的分子移动速度快，先从柱中流出来。反相层析中极性大的分子比极性小的分子移动速度快而先从柱中流出。一般而言，分离纯化极性大的分子（带电离子等）采用正相层析，而分离纯化极性小的有机分子（有机酸、醇、酚等）多采用反相层析。C_{18}硅化烷基制备的反相介质应用最多。

四、常用仪器简介

1. 薄层层析设备通常由薄层板和层析缸组成（图 6-1），点样可用毛细管或微量移液器。纸层析的设备与薄层层析相似，需要在层析缸里有一个可悬挂滤纸的小装置。

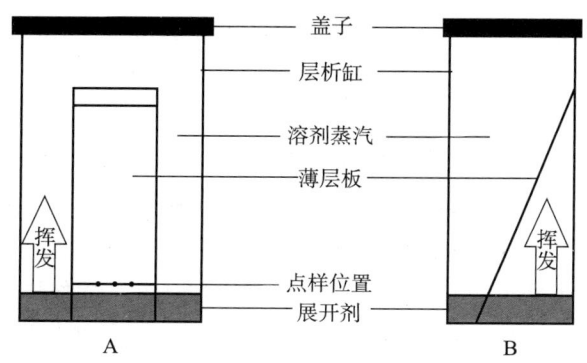

图 6-1　典型的薄层层析设备

A：正面观　B：侧面观

2. AKTA 系统是 GE 公司研发的蛋白质纯化系统，包括进样系统、流动相系统、层析柱、检测器、收集器以及连接计算机的分析软件（图 6-2）。AKTA 系统适用于多种层析分离，检测器功能强大，是科研机构做生物大分子研究的重要仪器。

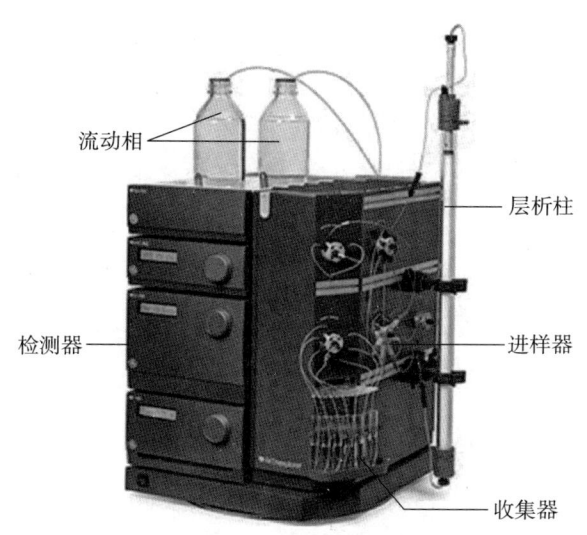

图 6-2　AKTA 系统

五、实验应用

【应用一】　纸层析可用于叶绿素的分离鉴定。将植物叶片切碎研磨过滤后制备的叶绿体色素液，用毛细管将制备的样品点到滤纸上。石油醚和丙酮（体积比为 3∶1）混合液作为展开剂。点样后的滤纸小心地放入层析缸展开 0.5 ~ 1 h 后可观察到层析结果。滤纸的层析图结果从上到下有 4 条谱带，分别是橙黄色（胡萝卜素）、黄色（叶黄素）、蓝绿色（叶绿素 a）、黄绿色（叶绿素 b）。

【应用二】　凝胶过滤层析可用于医药产业生产高纯度的药品。青霉素提取过程中的大分子杂质（如青霉噻唑蛋白、青霉素聚合物）是具有强烈致敏性的全抗原，也是导致青霉素过敏的主要原因。利用葡聚糖 Sephadex G25 分子筛介质处理青霉素溶液可有效去除这类大分子杂质，从而提高产品质量。

【应用三】 组氨酸标签（His-tag）是蛋白质原核表达系统常用的纯化标记，带有标签的重组蛋白可用亲和层析操作高效快速完成纯化。在凝胶基质上耦合连接氮基三乙酸（NTA），可以与镍离子（Ni^{2+}）结合，从而制备得到 Ni 柱亲和色谱介质。过渡金属元素 Ni^{2+} 可以与带有咪唑环的分子形成配位键而螯合在一起。表达载体上带有的融合蛋白标记含有 6 个连续的组氨酸（His），可以使融合蛋白与 Ni 产生配位键而结合吸附到凝胶颗粒上，能将带有 His-tag 的融合蛋白与其他蛋白质区分。使用高浓度的咪唑溶液会发生竞争结合，导致融合蛋白被置换洗脱下来。

六、思考与探索

1. 请简述离子交换层析分离生物大分子的原理。
2. 请设计一个利用薄层层析鉴定市售果酱中苯甲酸、山梨酸含量的实验流程。

（沙　莉）

>>> 第七章　电泳技术

ℰ 思维导图 1-7

一、知识要点

电泳技术，等电聚焦电泳，显微电泳，聚丙烯酰胺凝胶电泳，琼脂糖凝胶电泳

二、基本原理

带电颗粒在电场作用下，向着与其电性相反的电极移动的现象，称为电泳。利用不同的带电粒子在同一电场中移动速度不同而达到分离的技术称为电泳技术。电泳技术应用广泛，常用于分离鉴定蛋白质、核酸和其他化学物质。生物分子通常带不同电荷，在同一电场的作用下表现出不同的泳动速度——迁移率。待分离样品在电场中的迁移率，除了电荷这个因素外，还包括样品的大小、形状等。电泳法可分为自由电泳（无支持体）及区带电泳（有支持体）两大类。

电泳装置主要包括两个部分：电源和电泳槽。电源提供直流电，在电泳槽中产生电场，驱动带电分子的迁移。电泳槽可以分为水平式和垂直式两类。常用于分离蛋白质的聚丙烯酰胺凝胶电泳即采用垂直式电泳槽。由于 pH 的改变会引起带电分子电荷的改变，进而影响其电泳迁移的速度，所以电泳过程应在适当的缓冲液中进行，缓冲液可以保持待分离物带电性质的稳定。

三、常用技术简介

1. 等电聚焦电泳

等电聚焦电泳（isoelectric focusing，IEF）是一种利用体系中 pH 梯度介质分离等电点不同的蛋白质的电泳方法，即将两性电解质加至含有 pH 梯度缓冲液的凝胶介质中进行电泳，常用凝胶介质是聚丙烯酰胺、琼脂糖和葡聚糖凝胶。电泳时每种蛋白质就将迁移到等于其等电点的 pH 处，形成一个很窄的区带，分辨率高达 0.001 pH 单位。

2. 显微电泳

显微电泳也称颗粒电泳，是一种基于电场力和质量作用力的分析技术。通过在毛细管或平板上施加电场，将样品中的大分子分离成不同的带状，然后通过可视化方法（如染色）对其进行检测和鉴定。

3. 聚丙烯酰胺凝胶电泳

聚丙烯酰胺凝胶电泳（polyacrylamide gel electrophoresis，PAGE）是以聚丙烯酰胺凝胶作为支持介质的电泳技术，常用于分离蛋白质和寡核苷酸。聚丙烯酰胺凝胶由单体丙烯酰胺和亚甲双丙烯酰胺聚合而成，丙烯酰胺单体首先聚合，亚甲双丙烯酰胺再与丙烯酰胺链间产生亚甲基交联，从而形成三维网状结构。聚合过程需自由基催化完成。自由基的产生一般采用化学聚合方法，以过硫酸铵（AP）为催化剂，以四甲基乙二胺（TEMED）为加速剂，TEMED 催化 AP 产生自由基。PAGE 又分为连续系统和不连续系统两大类，连续系统主要根据电荷和分子筛效应来分离蛋白质，而不连续系统不仅有电荷效应、分子筛效应，还具有浓缩效应，分离效果和分辨率较高。

4. 琼脂糖凝胶电泳

琼脂糖凝胶电泳是用琼脂糖作支持介质的一种电泳方法。琼脂糖（agarose）聚合后的网络结构十分稳定，可在 pH 4～9 的缓冲液中使用。网络结构的疏密与琼脂糖的浓度正相关。制作方法十分简便快捷，只需将琼脂糖与水（或缓冲液）加热至 60℃ 左右，冷却到 30℃ 左右即可。与聚丙烯酰胺凝胶相比，其孔径较大，常用于大分子蛋白质、DNA 的分离。

四、常用仪器简介

1. 显微电泳常用仪器为显微电泳系统（图 7-1）。

图 7-1　显微电泳系统

2. 等电聚焦电泳所需仪器有电泳仪、等电聚焦电泳槽（图 7-2）。

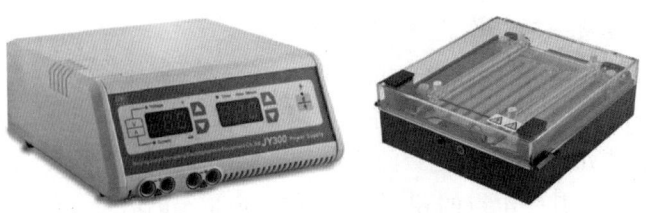

图 7-2 电泳仪及等电聚焦电泳槽

3. 区带电泳常用仪器包括电泳仪、水平电泳槽（图 7-3）或垂直电泳槽（图 7-4）。

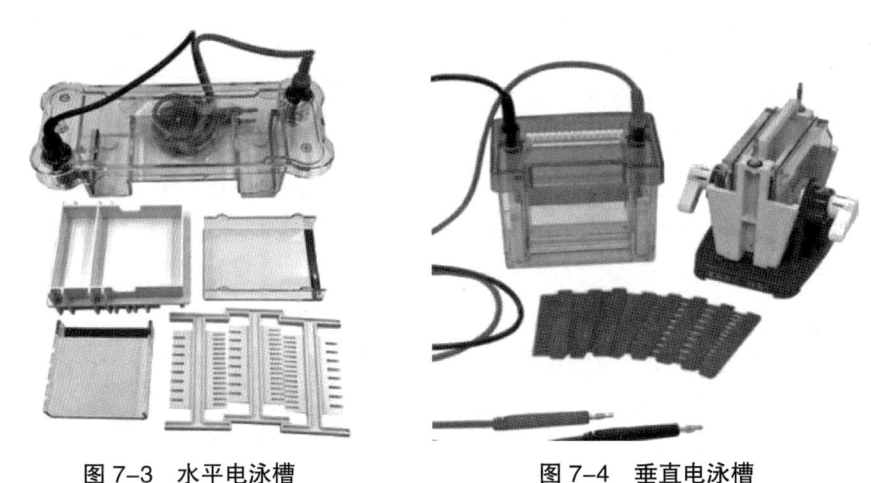

图 7-3 水平电泳槽 　　　　　图 7-4 垂直电泳槽

五、实验应用

【应用一】 十二烷基硫酸钠（SDS）是一种阴离子表面活性剂，能打断蛋白质的氢键和疏水键，并按一定的比例和蛋白质分子结合形成密度相同的短棒状复合物，根据不同蛋白质分子所带电荷的差异及分子大小不同所产生的不同迁移率，将蛋白质分离成若干条区带物，不同分子量的蛋白质形成的复合物的长度不同，其长度与蛋白质分子量呈正相关。带大量负电荷的 SDS 结合到蛋白质分子上克服了蛋白质分子原有电荷的影响而得到恒定的荷质比。SDS 聚丙烯酰胺凝胶电泳测定蛋白质分子量已经比较成熟，该法测定时间短，分辨率高，所需样品量极少（$1 \sim 100 \ \mu g$）。

【应用二】 蛋白质印迹法（Western blotting，WB）是生物化学、分子生物学、免疫学等常用的鉴定蛋白质的方法。它将高分辨率的电泳技术和强特异性的抗体技术相结合，检测低至 1 ng 的靶蛋白。具体操作是将蛋白质经凝胶电泳后，形成不同的条带转移至硝酸纤维膜上，用酶标记的抗体进行显色反应，可确定目的蛋白的有无或分子量大小。

六、思考与探索

1. 影响电泳迁移率的主要因素有哪些？
2. 选择一种电泳方法测定蛋白质的等电点，并试述原理。

（林　玲）

>>> 第八章　聚合酶链式反应技术

ⓔ 思维导图 1-8

一、知识要点

PCR，变性，退火，延伸，逆转录 PCR，实时荧光定量 PCR，原位 PCR

二、基本原理

聚合酶链式反应技术（polymerase chain reaction，PCR）是 1985 年由美国人 K. B. Mullis 等发明的一项具有划时代意义的实验技术。1993 年，Mullis 因该技术的发明而获得诺贝尔化学奖。PCR 技术模拟细胞内 DNA 复制的过程，以已有 DNA 作为模板，以 dNTPs 为底物，在 DNA 聚合酶的催化下，通过变性、退火、延伸三个步骤的多次循环，使目的片段得到几何级数扩增。

1. 变性（denaturation）：温度升高至 94～95℃，模板 DNA 双链间的氢键断裂而形成两条单链。

2. 退火（annealing）：温度降至 50～60℃，人工合成的引物按碱基配对原则与模板 DNA 结合。

3. 延伸（extension）：在 72℃下，耐高温的 DNA 聚合酶按碱基配对原则，将 dNTPs 不断添加到引物的 3′ 端，DNA 链得以延伸。

上述 3 个步骤形成一个循环，每经过一个循环，体系中的 DNA 分子增加一倍，新合成的 DNA 分子又可成为新一轮循环的模板，经过 25～30 个循环后 DNA 分子数可扩增至最初模板的 10^8～10^{10} 倍。

典型的 PCR 反应体系包括：DNA 模板、一对人工合成的 DNA 引物、*Taq* DNA 聚合酶、反应缓冲液（包括 $MgCl_2$）、dNTP 混合物。

三、常用技术简介

在上述常规 PCR 的基础上，已发展出多种 PCR 技术，常用的有：

1. 逆转录 PCR（reverse transcription PCR，RT-PCR）

该技术以组织或细胞中的 mRNA 作为模板，利用能特异性地结合到 mRNA 3′ 端 poly（A）尾巴的 oligo（dT）为引物（或随机引物），在逆转录酶的催化下合成

cDNA，再以 cDNA 为模板进行常规的 PCR 扩增，从而获得目的基因，或得到检测基因表达情况的信息。

2. 实时荧光定量 PCR（quantitative real-time PCR，qPCR）

这种 PCR 反应通过荧光信号的积累实时监测每轮循环后扩增所得的产物的量。通过连续监测下获得的反应动力学曲线，推导出样品中模板 DNA 的初始含量。

3. 原位 PCR（in situ PCR）

原位 PCR 就是在组织细胞里或组织切片上直接进行 PCR 反应，它结合了原位杂交的细胞定位能力和 PCR 技术的高度特异性等优点。原位 PCR 先对细胞进行预处理，使细胞具有适当的通透性并保持细胞结构完整，然后在处理后的单细胞或组织切片上对特异的 DNA 或 cDNA 进行原位 PCR 扩增，再采用 DNA 分子原位杂交技术或荧光检测技术，通过使用荧光显微镜检测等手段，对细胞内靶片段进行定位。

四、实验应用

【应用一】 PCR 技术应用于基因功能的研究。以研究苏云金芽孢杆菌中 A 基因的功能为例，先提取苏云金芽孢杆菌的基因组 DNA，通过 PCR 扩增出 A 基因序列，连接到表达载体上，转化到大肠杆菌中并进行诱导表达，提取获得 A 基因的表达产物，再进行各种蛋白质性质和功能的研究。

【应用二】 PCR 技术应用于基因差异表达的研究。以对比 B 基因在盐碱地生长的水稻叶片和正常土壤生长的水稻叶片中的表达情况为例，可以先分别提取这两种土壤中生长的水稻叶片的总 RNA，然后将其 mRNA 逆转录为 cDNA，再以 cDNA 为模板来进行 qPCR，最后基于 qPCR 的结果就可以对在两种土壤中生长的水稻叶片中 B 基因的相对表达情况进行分析。

【应用三】 PCR 技术应用于 cDNA 文库的构建。以构建盐碱地生长的水稻叶片 cDNA 文库为例，提取水稻幼嫩叶片的总 RNA，以其 mRNA 为模板，以 oligo（dT）为引物，利用逆转录酶合成 cDNA 第一条链，再通过 PCR 扩增合成双链 cDNA。利用在 PCR 引物的 5′ 端加上的限制性酶切位点，将双链 DNA 克隆到适当的载体中。

五、思考与探索

1. PCR 的引物设计要注意哪些问题？
2. 常规 PCR 的所有产物都是目的 DNA 吗？

（李今煜）

>>> 第九章　核酸杂交技术

ⓔ 思维导图 1-9

一、知识要点

核酸变性和复性，探针，Southern 印迹杂交，Northern 印迹杂交，斑点杂交，原位杂交，基因芯片

二、基本原理

核酸杂交（nucleic acid hybridization）是定量或定性检测特异 DNA 或 RNA 序列片段的有力工具。其基本原理是利用核酸分子变性和复性的性质，使具有一定同源性的两条核酸单链（DNA 或 RNA）在一定的条件下按照碱基互补关系形成杂交双链（heteroduplex），由此来检测核酸分子的存在与否。杂交的双方是待测核酸序列及探针（probe），待测核酸序列可以是克隆的基因片段，也可以是基因组 DNA 或总 RNA。探针通常是已知序列的核酸片段，必须用一定的手段加以标记以利于检测分子杂交结果，常用的标记物包括放射性同位素（如 ^{32}P、^{35}S 等）和一些非放射性物质（如生物素、地高辛、荧光等）。根据其来源和性质可分为寡核苷酸探针、DNA 探针、RNA 探针、cDNA 探针等。

核酸杂交可分为固相杂交和液相杂交两大类，目前实验室中应用较广的是固相杂交，即将待测的核酸片段转移至固体支持物上，固定后与游离在液体中的核酸探针进行杂交，通过漂洗除去未杂交的游离核酸探针，支持物上的杂交体就容易被检测到。固体支持物有尼龙膜、硝酸纤维素滤膜、磁珠等。常见的固相杂交类型有：Southern 印迹杂交（Southern blotting）、Northern 印迹杂交（Northern blotting）、斑点杂交（dot blotting）、原位杂交（*in situ* hybridization）、基因芯片（gene chip）等。

由于核酸杂交技术具有很高的灵敏度和特异性，已广泛用于基因组中特定基因序列的定性定量检测、克隆基因的筛选、基因诊断、基因连锁分析等方面，目前在医学研究上也应用颇多。

三、常用技术简介

1. Southern 印迹杂交

利用琼脂糖凝胶电泳分离经限制性内切酶切割后的 DNA 片段，将胶上的 DNA 变性后在原位将单链 DNA 转移到固相支持物上，与已标记的探针进行杂交，检测待测 DNA 中是否存在与探针同源的序列，也可以检测 DNA 分子的含量。被检对象为 DNA，探针为 DNA 或 RNA。

2. Northern 印迹杂交

与 Southern 印迹杂交很相似，但 Northern 印迹杂交被检测对象为 RNA，将 RNA 样品通过琼脂糖凝胶电泳进行分离后转移到固相支持物上，再与核酸探针进行杂交。

根据阳性的位置可判断 RNA 的相对分子量，根据杂交信号的强弱，判断基因表达的丰度。

3. 斑点杂交

斑点杂交指将 DNA 或 RNA 样品变性后直接点在硝酸纤维素滤膜上使其成为斑点，再与已标记的核酸探针进行杂交，以显示样品中是否存在特异的 DNA 或 RNA。同一种样品经不同倍数的稀释，还可以得到半定量的结果，主要用于基因缺失或拷贝数改变的检测。

4. 原位杂交

原位杂交指应用核酸探针与组织、细胞中待检测的核酸按碱基配对的原则进行特异性结合而形成杂交体，然后再应用与标记物相应的检测系统，通过组织化学或免疫组织化学方法在被检测的核酸原有的位置上形成带颜色的杂交信号，在显微镜或电子显微镜下进行细胞内定位。

5. 基因芯片

基因芯片是一种大规模集成的固相杂交技术，即在固相支持物（一般是计算机芯片）上将多种预先制备的 DNA 探针以显微打印的方式有序地固化于支持物表面，然后与标记的样品杂交，通过对杂交信号的检测分析，得出样品的遗传信息。

四、常用仪器简介

1. 核酸虹吸转移装置

固相杂交是核酸杂交技术中最常用的方法。核酸虹吸转移装置（图 9-1）是核酸经琼脂糖凝胶电泳分离后，经变性，Tris 缓冲液中和，高盐条件下利用虹吸作用将核酸从凝胶中转印到硝酸纤维素滤膜上，烘干固定后即可用于杂交。凝胶中核酸片段的相对位置在转移到滤膜的过程中将继续保持着。附着在滤膜上的 DNA 与 ^{32}P 标记的探针杂交，利用放射自显影技术确定探针互补的每条核酸的位置。

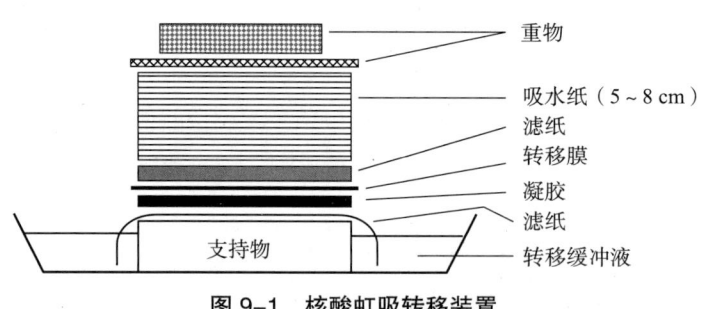

重物
吸水纸（5~8 cm）
滤纸
转移膜
凝胶
滤纸
支持物
转移缓冲液

图 9-1 核酸虹吸转移装置

在操作核酸转移时，要把电泳凝胶底面朝上地覆盖在滤纸上，因为点样孔的底部离胶底的距离较近，且底面较平整。琼脂糖浓度要控制在 0.8%（m/V）左右，浓度太高核酸不易被转移；浓度过低，则胶会太软而不易操作。

2. 核酸固定仪器

（1）核酸分子杂交仪：核酸分子杂交仪（图 9-2）是提供核酸分子杂交的理想设备，可替代塑料杂交袋和水浴摇床，并避免杂交袋破损带来污染的影响。杂交仪采用微处理器控制，温控精确，操作简单。杂交过程在连续旋转的杂交瓶内进行，膜与探针完全混合，彻底避免了杂交袋的繁琐封袋及放射性同位素的泄漏，该仪器具有防辐射功能。

（2）紫外交联仪：为使核酸固定在杂交膜上，传统的方式是将膜于 80℃ 真空烘箱中烘 2 h，而紫外交联仪（图 9-3）仅需在 254 nm 紫外光下照射几秒钟即可。紫外交联仪程序自动，当能量吸收值达到设定值时，照射将自动停止。

图 9-2　核酸分子杂交仪

图 9-3　紫外交联仪

五、实验应用

【应用一】　Southern 印迹杂交广泛应用于遗传学研究和基因诊断，如用基因组的标记探针来推断相同或不同基因组中相关序列的结构特征（如有无缺失、重复、倒位、易位等），也可进行限制性片段长度多态性（RFLP）连锁分析和病理学点突变。

【应用二】　原位杂交能揭示特定基因在细胞或组织上的定位，可应用于基因图谱、基因表达和基因组进化的研究。可以对活检或手术切除的肿瘤组织进行更深层次的基因水平检测，在疾病治疗、预后评估、靶向药物治疗的选择等有广泛的应用。

【应用三】　基因芯片由于其能同时、快速、准确地分析数以千计基因组信息的本领而被广泛应用于基因表达检测、突变检测、基因组多态性分析、基因文库作图和杂交测序等方面。在实际应用中，基因芯片可以用于疾病诊断治疗、药物筛选、农作物的优育优选、司法鉴定、食品卫生监督、环境检测、国防和航天等许多领域。

六、思考与探索

1. 设计寡核苷酸探针遵循的原则有哪些？

2. 理想的探针标记物应具备什么特性？

3. 影响分子杂交技术结果的反应条件有哪些？如何优化？

（郑　燕）

e 思维导图 1-10

>>> 第十章 光谱检测技术

一、知识要点

吸收光谱，发射光谱，散射光谱，分光光度检测，荧光检测

二、基本原理

利用光与物质相互作用时，测量由物质内部发生量子化的能级之间的跃迁，而产生的发射光、吸收光、散射光等光谱学特性，从而对物质进行定性、定量分析的技术称为光谱检测技术。记录物质辐射强度随光波长变化的图谱即为光谱，可分为吸收光谱（如红外、紫外及可见吸收光谱）、发射光谱（如荧光光谱）和散射光谱（如拉曼光谱）。一般情况下，分子处于基态，当光与物质相互作用时，分子吸收光能，从低能级跃迁到高能级，产生吸收光谱，不同物质因各自的结构不同表现出其独特的吸收光谱；反之，若分子从高能级回复到低能级，则释放出光能，形成发射光谱，如钨灯发出的光谱，物质受激发后发出的荧光光谱都属于发射光谱。当光被物质散射时，分子内能级的跃迁改变散射光频率，而产生散射光谱。物质对辐射能的吸收或发射是由物质本性所提供的最重要的标志图，所以借助光谱检测仪器来检测物质的吸收光谱和发射光谱，并将其转化成为易于被理解和分析的结果，借以对物质进行分析测试，可以从中获得该物质定性、定量及结果的数据，达到物质测定的目的。

光谱检测方法按作用对象不同可分为原子光谱法和分子光谱法。原子发射光谱法、原子吸收光谱法、原子荧光光谱法等属于原子光谱法；而属于分子光谱法的光谱检测方法有紫外 – 可见分光光度法、红外光谱法、分子荧光光谱法和分子磷光光谱法等。

三、常用仪器简介

测定不同的光谱有不同的光谱检测仪，但各类光谱检测仪都包括四个基本组成部分：电磁波（辐射能）信号发射系统、分光系统（控制激发光的波长）、样品槽（辐射能与物质相互作用）、光谱信号检测系统。此外，还有换能系统、输出系统及计算机控制系统等。在基础生物化学与分子生物实验中最常用的光谱检测技术是分光光度法，也称为吸收光谱法，而分光光度计属于光谱检测技术中最常用的仪器。

分光光度计按照波长及应用领域的不同，可以分为以下几种主要类型：可见分光光度计、紫外 – 可见分光光度计、红外分光光度计、荧光分光光度计以及原子吸收分光光度计。

四、实验应用

【应用一】 基于蛋白质中氮元素含量大致为 16% 这一原理，利用分光光度法测定再生蛋白纤维中蛋白质的含量。将散纤维在高温硫酸中氧化，产生的 NH_3 再一次与 H_2SO_4 作用生成 $(NH_4)_2SO_4$，生成的 $(NH_4)_2SO_4$ 在 pH 为 4.8 的乙酸 – 乙酸钠缓冲溶液中与显色剂（乙酰丙酮和甲醛）反应生成黄色的 3,5– 二乙酰 –2,6– 二甲基 –1,4– 二氢化吡啶化合物。然后在波长 400 nm 条件下，测定其吸光度值，与氨氮标准系列比较定量，结果乘以换算系数 F，即为蛋白质含量。

【应用二】 采用原子荧光光谱分析测定地表水中汞、硒、砷的含量。用氢化物原子吸收法或者氢化物 – 原子荧光法，其原理就是将砷、汞、硒发生氢化反应生成气态的砷化氢、汞化氢、硒化氢，然后导入原子化器，经原子化后测定其吸光度或荧光强度，根据测定的荧光强度与溶液中的砷、汞、硒含量在一定范围内成线性的关系，从而对地表水样中砷、汞、硒相应成分含量进行计算。

五、思考与探索

1. 应用光谱分析法对物质进行定性、定量测定的原理分别是什么？

2. 如果将比色用的普通光学玻璃比色杯和石英比色杯混在一起，使用时会出现什么问题？如何将它们分开？

（崔　凯）

>>> **第二篇**

··· 实验模块与内容

>>> 模块一 蛋白质分析与测定

实验 1-1 氨基酸的分离鉴定——纸层析法

一、目的与要求

了解并掌握氨基酸的分离鉴定——纸层析法的原理、方法。

二、实验原理

用滤纸为支持物进行层析的方法，称为纸层析法。纸层析所用展层溶剂大多由水和有机溶剂组成，滤纸纤维与水的亲和力强，与有机溶剂的亲和力弱，因此在展层时，水是固定相，有机溶剂是流动相。溶剂由下向上移动时，称上行法；由上向下移动的，称下行法。将样品点在滤纸上（该点称为原点），进行展层，样品中的各种氨基酸在两相溶剂中不断进行分配。由于它们的分配系数不同，不同氨基酸随流动相移动的速率就不同，于是就将这些氨基酸分离开来，形成距原点距离不等的层析点。溶质在滤纸上的移动速率用 R_f 值表示。只要条件（如温度、展层溶剂的组成）不变，R_f 值是常数，故可以 R_f 值作鉴定依据。氨基酸无色，利用茚三酮反应，可将氨基酸层析法显色作定性、定量用。

三、基本步骤

采用标准氨基酸单向上行层析法。

1. 滤纸准备：选用新华 1 号滤纸，裁成 15 cm × 20 cm 的长方形，在距纸底边 2 cm 处划一基线，在线上每隔 2 ~ 3 cm，画一小点作点样的原点。根据样品数，均匀分布各样品点。

2. 点样：氨基酸点样量以每种含 5 ~ 20 μg 为宜，用微量注射器或毛细管，吸取氨基酸样品 5 μL 垂直点于原点，点的直径不能超过 0.5 cm，边点样边用吹风机吹干，再重复点样，直到将每种氨基酸均点样完毕，注意一种氨基酸只能用同一根微量注射器或毛细管。其中一个样品为多种氨基酸的混合样。

3. 展层：将点好样的滤纸，用棉线捆好，制成圆筒，注意层析纸两端不要相接触。把展开剂混匀，倒入层析缸内，将层析纸原点下端，浸立在层析缸内，注意展开剂不能超过基线，同时层析纸不能靠近缸壁，不需平衡，立即展层。

4. 显色：当溶剂前沿线超过层析纸长度三分之二时结束层析，取出层析纸，解开棉线，用铅笔及直尺将溶剂前沿线划出。将层析纸放入通风橱，喷洒显色贮备液，用吹风机吹干，层析斑点即显蓝紫色，用铅笔划下层析斑点。

5. 计算：根据显色结果计算各个单样氨基酸的 R_f 值。

$$R_f = \frac{原点到显色斑点中心的距离}{原点到溶剂前沿的距离}$$

再根据各个单样氨基酸 R_f 值确定混合样品中的氨基酸种类。

四、溶液配制

1. 单样氨基酸溶液和混合氨基酸溶液（6 mg/mL）

（1）单样氨基酸溶液配制：称取 60 mg 各种单氨基酸分别溶解在 10 mL 0.1 mol/L HCl 溶液中，终浓度为 6 mg/mL。

（2）混合氨基酸溶液配制：将配制好的单样氨基酸溶液各取 2 mL 混合均匀即可。

2. 展开剂

V［正丁醇（A.R）］：V（88% 甲酸）：V（水）＝ 15：3：2。正丁醇 750 mL，88% 甲酸 150 mL 和 100 mL 水混合得到 1 000 mL 展开剂。

3. 显色贮备液：称取 0.9 g 水合茚三酮，加入 300 mL 正丁醇，再加入 9 mL 乙酸，溶解分装至棕色喷雾瓶。每组仅需 30～50 mL。

五、实验材料与耗材

1. 耗材：层析滤纸（新华 1 号，15 cm×20 cm），层析缸，微量注射器（10 μL）或毛细管，棉线，显色贮备液喷壶（50 mL），剪刀，烧杯 50 mL×5，量筒 10 mL×2、50 mL×5。

2. 试剂：标准氨基酸（组氨酸、酪氨酸、亮氨酸、甘氨酸等）溶液，正丁醇，氨水，95% 乙醇，甲酸，水合茚三酮，无水乙酸，异丙醇。

六、仪器与设备

吹风机，通风橱等。

七、注意事项

1. 严格控制点样位置以及点样直径，防止层析后氨基酸斑点过度扩散和重叠。

2. 展开剂为酸相溶剂，需使用前配制，以免发生酯化而影响层析结果。

ℯ 答案提示 2-1

八、思考与探索

1. 纸层析依据什么性质进行化合物的分离？

2. 影响纸层析移动速率 R_f 值的因素有哪些？

ℯ 预习小测 2-1

九、实验预习小测

（罗小叶）

实验 1-2 氨基酸含量的测定——茚三酮比色法

一、目的与要求

学习茚三酮比色法测定氨基酸含量的基本原理，掌握分光光度计的原理、具体操作技术。

二、实验原理

分光光度计采用一个可以产生多个波长的光源，通过系列分光装置，从而产生特定波长的光源，光线透过测试的样品后，部分光线被吸收，计算样品的吸光度值，从而转化成样品的浓度。不同的物质选择性吸收不同波长的光，样品的吸光度值与样品的浓度成正比。在可见光区，除某些物质对光有吸收外，很多物质本身并没有吸收，但可在一定条件下加入显色试剂或经过处理使其显色后再测定，故又称比色分析。

氨基酸在一定 pH 范围内能与茚三酮溶液生成紫红色化合物，该化合物选择性吸收波长为 570 nm 的光。由于该化合物颜色的深浅与一定范围内氨基酸的含量成正比，故可通过测定 570 nm 处的吸光度值，得到氨基酸的含量。

三、基本步骤

1. 标准曲线的制作

分别取标准氨基酸溶液 0 mL，0.4 mL，0.8 mL，1.0 mL，1.2 mL，1.6 mL 于比色管中，用水补足至 4 mL，再各加入 1 mL pH 8.04 磷酸盐缓冲液和 1 mL 茚三酮显色液，充分混匀后，盖住试管口，在 100 ℃沸水浴中加热 15 min，冷却用蒸馏水定容至 25 mL。放置 15 min 后，用分光光度计测定 A_{570}（脯氨酸和羟脯氨酸与茚三酮反应呈黄色，应测定 A_{440}）。以 A_{570} 为纵坐标，氨基酸含量（μg）为横坐标，绘制标准曲线。

2. 样品液中氨基酸含量的测定

取 0.5 mL 酱油于 100 mL 烧杯中，加入 5 g 活性炭和 50 mL 蒸馏水，80 ℃水浴

30 min，过滤，滤渣用蒸馏水清洗数遍，收集滤液于 100 mL 容量瓶中，定容至刻度线，摇匀即得样品液。取样品液 1 mL 于比色管中，加入水 3 mL，缓冲液 1 mL 和茚三酮显色液 1 mL，混匀后于 100 ℃沸水浴中加热 15 min，冷却后加水定容至 25 mL。放置 15 min 后，摇匀后测定 A_{570}。

3. 结果计算

$$氨基酸的含量（\mu g/mL）= \frac{X \times K}{V} \times 100$$

X 为查标准曲线所获得每毫升酱油含的氨基酸 μg 数，K 为稀释倍数

$\left[K = \dfrac{样品定容时的总体积（mL）}{样品测定时的取样体积（mL）} \right]$，$V$ 为测定时的取样量（mL）。

四、溶液配制

1. 各种标准氨基酸溶液：200 μg/mL

2. pH 8.04 磷酸盐缓冲液：称取 KH_2PO_4 4.535 g 加水溶解并定容至 500 mL，得 0.067 mol/L 溶液。称取 $Na_2HPO_4 \cdot 2H_2O$ 11.938 g 加水溶解并定容至 500 mL，得 0.067 mol/L 溶液。取以上 KH_2PO_4 溶液 10 mL 和 Na_2HPO_4 溶液 190 mL 混合即得。

3. 20 g/L 茚三酮显色液：称取 1 g 水合茚三酮溶于 35 mL 热水，加入 40 mg $SnCl_2$，加 H_2O 搅拌过滤，滤液于暗处过夜，定容至 50 mL。

五、实验材料与耗材

1. 材料：酱油。

2. 耗材：25 mL 具塞比色管若干，烧杯 50 mL×1，移液管 1 mL×7、2 mL×1、5 mL×1，烧杯 100 mL×2，容量瓶 50 mL×1、100 mL×1，量筒 50 mL×1、10 mL×1、250 mL×1，电炉，洗耳球，洗瓶。

3. 试剂：各种标准氨基酸，KH_2PO_4，$Na_2HPO_4 \cdot 2H_2O$，茚三酮，氯化亚锡（$SnCl_2$）。

六、仪器与设备

紫外及可见分光光度计，水浴锅等。

七、注意事项

1. 该法是微量法，对氨基酸的检出量可达 0.5 μg，其灵敏度高，重现性好。

2. 脯氨酸和羟脯氨酸与茚三酮反应呈现黄色，最大吸收波长在 440 nm。

3. 茚三酮受阳光、空气、温度、湿度等影响而被氧化呈现淡红色或深红色，使用前需进行纯化。方法如下：取 10 g 茚三酮溶于 40 mL 热水中，加入 1 g 活性炭，摇动 1 min，静置 30 min，过滤，将滤液放入冰箱中过夜，即出现蓝色结晶，过滤，用

2 mL 冷水洗涤结晶，置于干燥器中干燥，装瓶备用。

4. 反应需控制反应液 pH 才能得到重现性好的结果，反应液 pH 在 6.2～6.4 之间为宜，所加试液和缓冲液量的比例可为 2∶1 或 1∶1。

5. 要控制加热温度和时间，温度过高容易褪色，温度低发色不全。沸水浴中加热发色快，但可能受热不均匀及容易褪色，可以降低温度（80℃），延长加热时间，使发色均匀。也可在烘箱中加热，105℃烘 10 min。

6. 茚三酮与氨基酸反应生成的颜色在 1 h 内稳定，浓度高时褪色较快，应在发色稳定、加水定容后 30 min 内比色。

7. 明显带色的试样，可以用活性炭脱色，但某些氨基酸（酪氨酸等）也被活性炭吸附，使结果降低。

8. 茚三酮与氨、胺类、氨基糖类、尿素、蛋白质等也发生反应，这些物质会干扰测定。

9. 植物样品处理方法不同，游离氨基酸组成会有变化，进行结果分析时应说明样品处理的方法。

答案提示 2-2

预习小测 2-2

八、思考与探索

1. 茚三酮反应是否可用于氨基酸和蛋白质的定性鉴定？
2. 举例茚三酮反应的应用。

九、实验预习小测

（赖晓芳）

实验 1-3　纸层析法鉴定转氨基作用

一、目的与要求

1. 掌握纸层析鉴定氨基酸转氨基作用的实验原理。
2. 熟悉纸层析鉴定氨基酸转氨基作用的实验操作。

二、实验原理

转氨基作用广泛存在于机体各组织器官中，是体内氨基酸代谢的重要途径。氨基酸的转氨基作用由专一的转氨酶催化，是一种氨基酸的 α- 氨基转移到另一种 α- 酮酸上的过程。各种转氨酶的活性不同，其中肝的谷丙转氨酶（glutamic pyruvic transaminase，GPT）活性较高，催化反应如下：

$$\alpha\text{- 酮戊二酸} + \text{丙氨酸} \xrightarrow{\text{GPT}} \text{谷氨酸} + \text{丙酮酸}$$

纸层析是一种以滤纸为支持物的分配层析技术，利用滤纸纤维与水和有机溶剂的不同亲和力来实现物质的分离。滤纸纤维与水亲和力强，能吸收约 22% 的水，而滤纸纤维与有机溶剂的亲和力较弱，所以纸层析是以滤纸纤维结合水作为固定相，以有机溶剂作为流动相。在用纸层析法分离氨基酸时，由于各种氨基酸的极性不同导致在此两相中的分配系数不同，各有一定的迁移率。极性强的氨基酸，易溶于水，随流动相移动较慢；而极性弱的氨基酸相反，据此可以分离鉴定氨基酸。

本实验以丙酮酸和 α- 酮戊二酸为底物，加肝匀浆后，用纸层析法鉴定产物谷氨酸，以证明转氨基作用。

三、基本步骤

1. 匀浆制备

取新鲜猪肝 50 g，剪碎后放入匀浆器，加入预冷 0.01 mol/L pH 7.4 磷酸盐缓冲液 250 mL，迅速研成匀浆。

2. 酶促反应过程

（1）取离心管两支，分别标记为 1（测定管）和 2（对照管），各加肝匀浆 0.5 mL。将对照管放沸水浴中加热 5 min，取出冷却。

（2）各加 0.1 mol/L 丙氨酸 0.5 mL、0.1 mol/L α- 酮戊二酸 0.5 mL、0.01 mol/L pH 7.4 磷酸盐缓冲液 1.5 mL，摇匀。

（3）37℃保温，1 h 后取出。

（4）把测定管放沸水浴中煮 5 min，取出后冷却。

（5）在 3 000 r/min 离心 5 min，取上清液，供层析用。

3. 层析

（1）取干净圆形滤纸一张（直径 10 cm），以圆点为中心，约 1 cm 为半径，用铅笔划一圆线作为基线，在线上四等分处标清四点编号作为点样原点（图 1）。

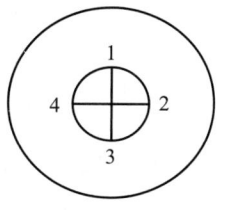

图 1　点样示意图

（2）点样：用四根毛细玻璃管分别蘸取少量丙氨酸溶液、谷氨酸溶液、测定液和对照液进行点样。丙氨酸和谷氨酸溶液分别点在原点 2、4 处，测定液和对照液分别点在原点 1、3 处。

（3）层析：用铅笔芯在滤纸圆心处打一小孔，再取同样滤纸一条（约 1 cm×2.5 cm）卷成捻如灯芯状，上端插入滤纸中心孔中。

（4）把层析溶剂［苯酚：水（V/V）= 4 : 1］15 mL 放入干燥的直径约 5 cm 表面皿内。把此皿放在直径 10 cm 的培养皿中。

（5）把滤纸平放在上述培养皿上，使纸芯下浸入酚溶液中，盖上培养皿盖（图 2）。

（6）层析液沿纸芯上升到滤纸中心，渐向四周扩散。当层析液前沿到离滤纸边缘约 1 cm 时（20～30 min），取出滤纸，用镊子小心取下纸芯，并用吹风机吹干滤纸。

4. 显色

用喷雾器向上述滤纸均匀喷上 5 g/L 茚三酮溶液，用吹风机吹干，可见出现同心

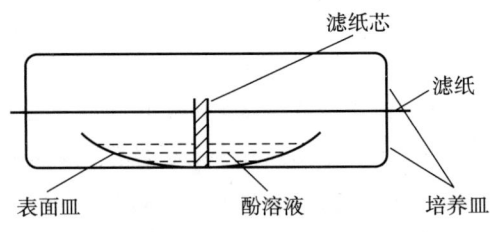

图2 滤纸放置示意图

弧状色斑，用铅笔圈下各色斑。比较各色斑的位置及颜色深浅，并按下列公式计算各色斑的 R_f 值，以此判定结果。

$$R_f = \frac{\text{溶质层析点中心到原点中心的距离}（X）}{\text{溶剂前沿到原点中心的距离}（Y）}$$

四、溶液配制

1. 0.01 mol/L pH 7.4 磷酸盐缓冲液：0.2 mol/L Na_2HPO_4 溶液 81 mL 与 0.2 mol/L NaH_2PO_4 溶液 19 mL 混匀，用蒸馏水稀释 20 倍。

2. 0.1 mol/L 丙氨酸溶液：称取丙氨酸 0.891 g，先溶于少量 0.01 mol/L pH 7.4 磷酸盐缓冲液中，以 1.0 mol/L NaOH 仔细调至 pH 7.4 后，加磷酸盐缓冲液定容至 100 mL。

3. 0.1 mol/L α-酮戊二酸：称取 α-酮戊二酸 1.461 g，先溶于少量 0.01 mol/L pH 7.4 磷酸盐缓冲液中，以 1.0 mol/L NaOH 仔细调至 pH 7.4 后，加磷酸盐缓冲液定容至 100 mL。

4. 0.1 mol/L 谷氨酸溶液：称取谷氨酸 0.735 g，先溶于少量 0.01 mol/L pH 7.4 磷酸盐缓冲液中，以 1.0 mol/L NaOH 仔细调至 pH 7.4 后，加磷酸盐缓冲液定容至 50 mL。

5. 5 g/L 茚三酮溶液：称取茚三酮 0.5 克于 100 mL 丙酮中溶解。

6. 层析溶剂：苯酚：水 = 4：1（V/V）混匀备用。现用现配。

五、实验材料与耗材

1. 材料：新鲜猪肝。

2. 耗材：玻璃匀浆器，离心管，10 mL 试管，培养皿，表面皿，滤纸，量筒 25 mL×1、100 mL×2，移液管 1 mL×4、2 mL×1、5 mL×1，容量瓶 100 mL×4、50 mL×2，烧杯 100 mL×3、50 mL×3，毛细管，喷雾器，铅笔，尺子，手术剪刀。

3. 试剂：磷酸二氢钠，磷酸氢二钠，丙氨酸，α-酮戊二酸，谷氨酸，氢氧化钠，茚三酮，丙酮，苯酚。

六、仪器与设备

电子天平，通风橱，恒温水浴锅，离心机，吹风机等。

七、注意事项

1. 层析点样时手要洗净，操作中尽可能少接触滤纸，以免污染。

2. 点样点不宜过大（直径小于 0.4 cm）。如果测定液中氨基酸浓度低时，可在第一次点样干燥后，再在原处重复点样。

ℓ 答案提示 2-3

八、思考与探索

1. 如何利用 R_f 值来鉴定化合物的疏水性？
2. 如何利用纸层析分离不同的氨基酸？

九、实验预习小测

ℓ 预习小测 2-3

（金火喜）

ℓ 教学视频 2-1
酪蛋白的提取和 pI
测定

实验 1-4 酪蛋白的制备

一、目的与要求

学习从牛奶中制备酪蛋白的原理和方法，掌握等电点沉淀法提取蛋白质的方法及操作。

二、实验原理

牛乳中主要的蛋白质是酪蛋白，含量约为 35 g/L。酪蛋白是一些含磷蛋白质的混合物，等电点为 4.7。利用蛋白质在等电点时溶解度最低的原理，将牛乳的 pH 调至 4.7 时，酪蛋白就沉淀出来。用乙醇洗涤沉淀物，除去脂质杂质后便可得到酪蛋白粗品。

三、基本步骤

1. 酪蛋白的粗提：50 mL 牛奶加热至 40 ℃。在搅拌下慢慢加入预热至 40 ℃、pH 4.7 的乙酸－乙酸钠缓冲液 100 mL，用精密 pH 试纸或酸度计调节 pH 至 4.7。将上述悬浮液冷却至室温，在 4 000 r/min 下离心 10 min。弃去上清液，所得沉淀即为酪蛋白粗制品。

2. 酪蛋白的纯化：用蒸馏水重悬洗涤沉淀 3 次，分别在 4 000 r/min 下离心 10 min，收集沉淀。用 30 mL 95% 乙醇溶解沉淀，搅拌片刻，将全部悬浊液转移至布氏漏斗中抽滤。用乙醇－乙醚混合液洗涤沉淀 2 次。最后用乙醚洗沉淀 2 次，抽干。将乙醚洗涤后的沉淀，转移并摊在表面皿上，风干或烘干；得酪蛋白纯品。

3. 准确称量干燥物的质量，计算蛋白质的含量和得率。

$$含量 = 酪蛋白\ g/50\ mL\ 牛乳$$

$$得率（\%）= 测得含量 / 理论含量 \times 100$$

式中，理论含量为 3.5 g/100 mL 牛乳或根据包装盒上的标识。

四、溶液配制

1. 0.2 mol/L pH 4.7 乙酸 – 乙酸钠缓冲液

A 液：0.2 mol/L 乙酸钠溶液，称 $NaAc \cdot 3H_2O$ 54.44 g，定容至 2 000 mL。

B 液：0.2 mol/L 乙酸溶液，称优级纯乙酸（含量大于 99.8%）24 mL 定容至 2 000 mL。

取 A 液 1 770 mL，B 液 1 230 mL 混合即得 pH 4.7 的乙酸 – 乙酸钠缓冲液 3 000 mL。

2. 乙醇：乙醚混合液：乙醇：乙醚 = 1 : 1（V/V）。

五、实验材料与耗材

1. 材料：新鲜牛奶。

2. 耗材：温度计，200 mL 离心管，烧杯 250 mL × 3，量筒 50 mL × 1、100 mL × 2，移液管 10 mL，玻璃棒，表面皿，定量滤纸（9 cm），pH 试纸。

3. 试剂：95% 乙醇，无水乙醚，乙酸，乙酸钠。

六、仪器与设备

电子天平，烘箱，离心机，真空泵，抽滤装置（布氏漏斗、抽滤瓶），水浴锅，酸度计等。

七、注意事项

1. 由于该法是应用等电点沉淀法来制备蛋白质，故调节牛奶液的等电点一定要准确。最好用酸度计测定。

2. 精制过程用乙醚是挥发性、有毒的有机溶剂，最好在通风橱内操作。

3. 目前市面上出售的牛奶是经加工的奶制品，不是纯净牛奶，所以计算时应按产品的相应指标计算。

答案提示 2-4

4. 计算精度要求较高，因此须耐心细心操作，以确保实验结果的准确性。

八、思考与探索

1. 制备高产率纯酪蛋白的关键是什么？

2. 试设计另一种提取酪蛋白的方法。

预习小测 2-4

九、实验预习小测

（邓加聪　郑　虹）

实验 1–5　蛋白质两性性质及等电点测定

ⓔ 教学视频 2-2
酪蛋白的提取和 pI
测定

一、目的与要求

了解蛋白质的两性解离性质；学习测定蛋白质等电点的一种方法。

二、实验原理

蛋白质分子是由氨基酸组成的。蛋白质分子除两端游离的氨基和羧基可解离外，其侧链上的某些酸性基团或碱性基团，在一定的溶液 pH 条件下，也可解离成带负电荷或带正电荷的基团。因此，蛋白质具有两性解离性质。当蛋白质溶液处于某一 pH 时，蛋白质解离成阳离子和阴离子的趋势相等，即净电荷为零，成为兼性离子，此时溶液的 pH 称为蛋白质的等电点（isoelectric point，pI）。蛋白质在等电点状态时溶解度最低，容易沉淀析出。当溶液 pH 大于蛋白质等电点时，蛋白质带负电荷；反之，溶液 pH 小于其等电点时则带正电荷。当溶液 pH 偏离蛋白质等电点时，蛋白质分子因带有同种电荷而相互排斥，不易沉淀。本实验通过观察酪蛋白在不同 pH 溶液中的溶解度来测定其等电点。

三、基本步骤

1. 蛋白质的两性电离

取一只试管，加入 0.5% 酪蛋白 – 乙酸钠溶液 20 滴（约 1 mL）和 0.01% 溴甲酚绿指示剂 2 滴，摇匀。观察溶液颜色，记录，并分析原因。如无颜色变化，继续滴加 0.1 g/L 溴甲酚绿指示剂。

用细滴管缓慢加入 0.02 mol/L 盐酸溶液，边滴边摇，直至有明显的大量沉淀发生，此时溶液的 pH 接近酪蛋白的等电点。观察溶液颜色的变化，记录，分析原因。继续滴入 0.02 mol/L 盐酸溶液，观察沉淀和溶液颜色的变化，记录，分析原因。再滴入 0.02 mol/L 氢氧化钠溶液进行中和，观察是否出现沉淀，记录，解释原因。当继续滴入 0.02 mol/L 氢氧化钠溶液时，观察沉淀和溶液颜色的变化，解释其原因。作好记录。

2. 酪蛋白等电点的测定

取 5 只试管，编号后，按下表的顺序准确地加入各种试剂并混匀。室温下静置约 20 min，观察每只试管中溶液的浑浊度，以 –, +, ++, +++, ++++ 符号表示沉淀的多少，将结果记录于表 1 中（每管加入酪蛋白 – 乙酸钠溶液后，须立即摇匀该管）。

表 1　各种溶液添加量

试剂（mL）及管号	1	2	3	4	5
蒸馏水	1.6	–	3.0	1.5	3.4
0.01 mol/L 乙酸溶液	–	–	–	2.5	0.6

续表

试剂（mL）及管号	1	2	3	4	5
0.01 mol/L 乙酸溶液	–	4.0	1.0	–	–
0.01 mol/L 乙酸溶液	2.4	–	–	–	–
酪蛋白 – 乙酸钠溶液	1.0	1.0	1.0	1.0	1.0
溶液的最终 pH	3.2	4.1	4.7	5.3	5.9

室温静置 20 min

记录沉淀现象

四、溶液配制

1. 0.5% 酪蛋白 – 乙酸钠溶液：取 0.5 g 酪蛋白，加入少量水在研钵中仔细研磨，将所得的蛋白质悬胶液移入 200 mL 锥形瓶内，用少量 40～50℃的温水洗涤研钵，将洗涤液也移入锥形瓶中。加入 10 mL 1 mol/L 乙酸钠溶液，将锥形瓶内的溶液全部移入 100 mL 容量瓶中，加水定容至刻度，摇匀备用。

2. 0.1 g/L 溴甲酚绿指示剂：取 0.01 g 溴甲酚绿溶于 95% 乙醇溶液 100 mL。

3. 盐酸溶液：量取浓盐酸（37.2%，相对密度 1.19）4.17 mL，加水至 50 mL 配成 1 mol/L HCl 溶液。量取 1 mol/L HCl 溶液 10 mL，加水定容至 50 mL，得到 0.2 mol/L HCl 溶液。量取 0.2 mol/L HCl 溶液 10 mL，加水定容至 100 mL，得到 0.02 mol/L HCl 溶液。

4. 氢氧化钠溶液：称取 NaOH（分析纯）2 g，加水定容至 50 mL，即得 1 mol/L NaOH 溶液。量取 1 mol/L NaOH 溶液 10 mL，加水至 50 mL，得到 0.2 mol/L NaOH 溶液。量取 0.2 mol/L NaOH 溶液 10 mL，加水至 100 mL，得到 0.02 mol/L NaOH 溶液。

5. 乙酸溶液：量取无水乙酸（99.5%，相对密度 1.05）2.875 mL，加水定容至 50 mL，得到 1 mol/L 乙酸溶液。量取 5 mL 1 mol/L 乙酸溶液，加水定容至 50 mL，得到 0.1 mol/L 乙酸溶液。量取 5 mL 0.1 mol/L 乙酸溶液，加水定容至 50 mL，得到 0.01 mol/L 乙酸溶液。

6. 0.01% 溴甲酚绿指示剂：称取溴甲酚绿 0.005 g，加入 1 mol/L NaOH 溶液 0.29 mL，加水至 50 mL。

五、实验材料与耗材

1. 材料：酪蛋白。

2. 耗材：试管，滴管，移液管（10 mL），温度计，吸管，记号笔，研钵，容量瓶 100 mL×3，锥形瓶（200 mL）。

3. 试剂：盐酸，氢氧化钠，乙酸钠，溴甲酚绿，无水乙酸。

六、仪器与设备

水浴锅，电子天平等。

七、注意事项

1. 在实验过程中，要求各种试剂的浓度和加入量要相当准确。
2. 实验过程使用的各种玻璃器皿要清洗干净。

● 答案提示 2-5

八、思考与探索

1. 为什么说蛋白质是两性解离电解质，何谓蛋白质的等电点？
2. 在等电点状态下，为什么蛋白质容易发生沉淀？
3. 本实验中酪蛋白处于等电点时，则从溶液中沉淀析出，由此得出蛋白质在等电点时必然沉淀，该结论对吗，为什么？

● 预习小测 2-5

九、实验预习小测

（邓加聪 郑 虹）

实验 1-6 蛋白质含量测定——总氮量的测定

一、目的与要求

学习凯氏定氮法测定蛋白质含量的原理，掌握凯氏定氮法的操作技术（包括样品消化、蒸馏、滴定及其含氮量的计算等）。

二、实验原理

凯氏定氮法是测定化合物或混合物中总氮量的一种方法。使用凯氏定氮装置（图 1），在有催化剂的条件下，用浓硫酸消化样品将有机氮都转变成无机铵盐（这个反应进行得比较缓慢，通常需要加入硫酸钾或硫酸钠以提高反应液的沸点，并加入硫酸铜作为催化剂，以促进反应的进行），然后在碱性条件下将铵盐转化为氨，随水蒸气蒸馏出来并为过量的硼酸溶液吸收，再以标准盐酸滴定，就可计算出样品中的氮量。由于蛋白质含氮量比较恒定，约为 16%，可由其氮量计算蛋白质含量，故此法是经典的蛋白质定量方法。若以甘氨酸为例，其反应式如下：

$$CH_2NH_2COOH + 3H_2SO_4 \longrightarrow 2CO_2 + 3SO_2 + 4H_2O + NH_3 \quad （1）$$

$$2NH_3 + H_2SO_4 \longrightarrow (NH_4)_2SO_4 \quad （2）$$

$$(NH_4)_2SO_4 + 2NaOH \longrightarrow 2H_2O + Na_2SO_4 + 2NH_3 \quad （3）$$

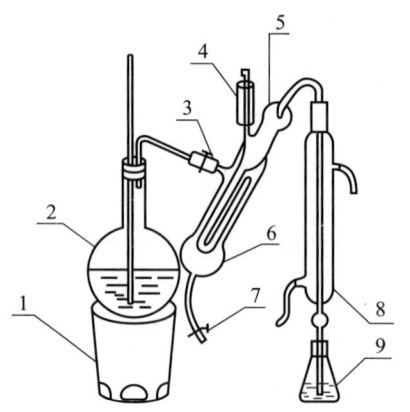

1. 电炉
2. 水蒸气发生器
3. 螺旋夹
4. 小玻璃杯及棒状玻璃塞
5. 反应室
6. 反应室外层
7. 橡皮管及螺旋夹
8. 冷凝管
9. 蒸馏液接收瓶

图 1　凯氏定氮装置

三、基本步骤

1. 样品的处理

在称量瓶中称取干燥面粉 0.1 g，然后置于 105℃的烘箱内干燥 4 h。用坩埚钳将称量瓶放入干燥器内，待降至室温后称量。直到两次称量数值不变，即达恒重。

2. 消化

将样品移入消化管中，加入 0.2 g 混合催化剂及 5 mL 浓硫酸于消化炉进行消化。当消化炉温度达到 420℃之后，继续消化 1 h，此时消化管中的液体呈绿色透明状。消化完毕，等消化管内容物冷却后，加蒸馏水 10 mL（注意：应慢加，随加随摇）。将内容物倾入 50 mL 容量瓶中，并以蒸馏水洗数次，将洗液并入容量瓶。用水稀释至刻度，混匀备用。取与样品相同量的混合催化剂和浓硫酸按同一方法做试剂空白试验（消化开始时应控制火力，避免液体冲到瓶颈，待瓶内水汽蒸完，硫酸开始分解并冒 SO_2 白烟时，适当加强火力消化）。

3. 蒸馏

于水蒸气发生器内装水约 2/3 处，加甲基红指示剂数滴及数毫升硫酸，以保持水呈酸性，加入数粒玻璃珠以防暴沸，用调压器控制，加热煮沸水蒸气发生器内的水。向接收瓶内加入 10 mL 20 g/L 硼酸溶液及混合指示剂 1 滴，将冷凝管的下端插入液面下，吸取 10 mL 样品消化液由小玻璃杯流入反应室，并以 10 mL 蒸馏水洗涤小玻璃杯使其流入反应室内，塞紧小玻璃杯的棒状玻璃塞。将 10 mL 400 g/L 氢氧化钠溶液倒入小玻璃杯，提起玻璃塞使其缓慢流入反应室，不能立即将玻璃盖塞紧，否则易使玻璃塞粘在进样口，应先用蒸馏水冲洗然后再盖，并加水于小玻璃杯以防漏气。夹紧螺旋夹，开始蒸馏，蒸气通入反应室使氨通过冷凝管而进入接收瓶内，蒸馏 5 min。移动接收瓶，使冷凝管下端离开液面，再蒸馏 1 min，然后用少量水冲洗冷凝管下端外部。

待样品和空白消化液均蒸馏完毕后，同时进行滴定。

4. 滴定

全部蒸馏完毕后，用 0.01 mol/L 标准盐酸溶液滴定各锥形瓶中收集的氨量，硼酸指示剂溶液由绿变淡紫色为滴定终点。

5. 结果计算

$$总氮量（\%）= \frac{M\left(V_1 - V_2\right) \times \dfrac{14}{1\,000}}{W} \times \frac{消化液总量}{测定时消化液用量} \times F \times 100\%$$

式中，M—标准盐酸溶液浓度；

$\quad\quad V_1$—滴定样品用去的盐酸溶液平均体积（mL）；

$\quad\quad V_2$—滴定空白消化液用去的盐酸溶液平均体积（mL）；

$\quad\quad W$—样品质量（g）；

$\quad\quad$14—氮的相对原子质量；

$\quad\quad F$—氮折算为蛋白质的系数，面粉的蛋白质折算系数为 5.70。

四、溶液配制

1. 400 g/L NaOH 溶液：化学纯 400 g 氢氧化钠溶于 1 000 mL 无氨蒸馏水。

2. 20 g/L H_3BO_3 溶液：分析纯 20 g 硼酸溶于 1 000 mL 无氨蒸馏水。

3. 标准盐酸溶液（约 0.01 mol/L）：分析纯 0.83 mL 盐酸定容至 1 000 mL，通过无水碳酸钠标定。

4. 粉末混合催化剂：K_2SO_4：$CuSO_4 \cdot 5H_2O = 3：1$（质量比）

5. 1 g/L 甲烯蓝乙醇溶液：0.1 g 甲烯蓝溶于 100 mL 乙醇。

6. 1 g/L 甲基红乙醇溶液：0.1 g 甲基红溶于 100 mL 乙醇。

7. 混合指示剂：由 50 mL 1 g/L 甲烯蓝乙醇溶液与 200 mL 1 g/L 甲基红乙醇溶液混合配制而成，储于棕色瓶中备用。这种指示剂酸性时为紫红色，碱性时为绿色。变色范围很窄且灵敏。

五、实验材料与耗材

1. 材料：面粉。

2. 耗材：消化管，容量瓶 50 mL × 1、1 000 mL × 3，烧杯 1 000 mL × 3、250 mL × 3，移液管 5 mL × 3、10 mL × 1，量筒 10 mL × 3，微量滴定管，坩埚钳，称量瓶。

3. 试剂：浓硫酸（H_2SO_4），NaOH，H_3BO_3，浓盐酸，无水 Na_2CO_3，K_2SO_4，$CuSO_4 \cdot 5H_2O$，甲烯蓝，乙醇，甲基红。

六、仪器与设备

消化炉，分析天平，烘箱，电炉，凯氏定氮仪等。

七、注意事项

1. 样品应是均匀的。固体样品应预先研细混匀，液体样品应振摇或搅拌均匀。

2. 样品放入消化管内时，不要沾附颈上。万一沾附可用少量水冲下，以免被检样消化不完全，结果偏低。

3. 消化时如不容易呈透明溶液，可将消化管放冷后，慢慢加入 30% 过氧化氢（H_2O_2）2~3 mL，促使氧化。

4. 在整个消化过程中，不要用强火。保持和缓的沸腾，使火力集中在凯氏瓶底部，以免附在壁上的蛋白质在无硫酸存在的情况下，使氮有损失。

5. 如硫酸缺少，过多的硫酸钾会引起氨的损失，这样会形成硫酸氢钾，而不与氨作用。因此，当硫酸被过多消耗或样品中脂肪含量过高时，要增加硫酸的量。

6. 加入硫酸钾的作用为提高溶液的沸点，硫酸铜为催化剂，硫酸铜在蒸馏时作碱性反应的指示剂。

7. 混合指示剂在碱性溶液中呈绿色，在中性溶液中呈灰色，在酸性溶液中呈红色。如果没有溴甲酚绿，可单独使用 1 g/L 甲基红乙醇溶液。

8. 氨是否完全蒸馏出来，可用 pH 试纸检测馏出液是否为碱性。

9. 吸收液也可以用 0.01 mol/L 的酸代表硼酸，过剩的酸液用 0.01 mol/L 碱液滴定，计算时，A 为试剂空白消耗碱液数，B 为样品消耗碱液数，N 为碱液浓度，其余均相同。

10. 以硼酸为氨的吸收液，可省去标定碱液的操作，且硼酸的体积要求并不严格，亦可免去用移液管，操作比较简便。

11. 向蒸馏瓶中加入浓碱时，往往出现褐色沉淀物，这是由于分解促进碱与加入的硫酸铜反应，生成氢氧化铜，经加热后又分解生成氧化铜的沉淀。有时铜离子与氨作用，生成深蓝色的结合物 $[Cu(NH_3)_4]^{2+}$。

12. 这种测算方法本质是测出氮的含量，再作蛋白质含量的估算。只有在被测物的组成是蛋白质时才能用该法来估算蛋白质含量。

答案提示 2-6

八、思考与探索

1. 解释消化过程中消化液颜色的变化及其原因。

2. 消化时加硫酸钾、硫酸铜的目的是什么？硼酸溶液的作用是什么？

3. 三聚氰胺是如何影响人体健康的？

预习小测 2-6

九、实验预习小测

（赖晓芳）

实验 1-7 蛋白质含量测定——双缩脲法

一、目的与要求

1. 掌握双缩脲法定量测定蛋白质含量的原理和方法。
2. 掌握分光光度计的使用方法。

二、实验原理

配制一系列不同浓度的标准溶液，用选定的显色剂显色。选用合适波长的入射光。测定时先以空白溶液调节透光率 100%，然后分别测定系列标准溶液的吸光度值。以吸光度值为纵坐标，浓度为横坐标作图，得到一条通过原点的直线，即标准曲线。

含有两个或两个以上肽键的化合物均有双缩脲反应，且必须具有碱性条件才能发生反应。蛋白质含有两个以上的肽键，因此有双缩脲反应。在碱性溶液中蛋白质与 Cu^{2+} 形成紫红色络合物，其颜色的深浅与蛋白质的浓度成正比，而与蛋白质的分子量及氨基酸成分无关，因此被广泛地应用。在一定的实验条件下，未知样品的溶液与标准蛋白质溶液同时反应，并于 $540 \sim 560 \ nm$ 下比色，可通过标准蛋白质的标准曲线求出未知样品的蛋白质浓度。

紫色络合物

三、基本步骤

1. 绘制标准曲线

取 6 只试管，按表 1 依次加入溶液。在室温下放置 30 min，于 540 nm 波长下用分光光度计比色测定。最后以吸光度值为纵坐标，酪蛋白含量为横坐标绘制标准曲线，作为定量的依据。

2. 未知样品蛋白质浓度的测定

吸取 1 mL 血清待测液，用水补足到 3 mL，加 2 mL 双缩脲试剂。平行做两份，与标准曲线的各管同时比色，取其平均值。从绘制的标准曲线查得未知样品的蛋白质含量。再按照稀释倍数求出每毫升血清原液的蛋白质含量。

· **表1** 标准曲线的制作

试剂	管号					
	0	1	2	3	4	5
2 mg/mL 标准酪蛋白溶液 /mL	0	0.3	0.6	0.9	1.2	1.5
H_2O/mL	3	2.7	2.4	2.1	1.8	1.5
双缩脲试剂 /mL	2	2	2	2	2	2

3. 实验结果计算

$$血清样品蛋白质含量 = \frac{Y \times N}{V} \times 100$$

式中，Y—标准曲线查得蛋白质含量（mg/mL）；

  N—稀释倍数，本实验中为 20；

  V—血清样品所取的体积（mL）。

四、溶液配制

1. 双缩脲试剂：溶解 0.75 g $CuSO_4 \cdot 5H_2O$ 和 3 g 酒石酸钾钠于 250 mL 水中，在搅拌下，加入 150 mL 0.1 g/mL NaOH 溶解，用水稀释至 500 mL 后，储存在内壁涂有石蜡的玻璃瓶中。

2. 标准蛋白质溶液：可用牛血清白蛋白（BSA）作为标准蛋白质，并用蒸馏水准确配制成 0.1 mg/mL 的标准溶液。

五、实验材料与耗材

1. 材料：动物血清。

2. 耗材：试管 15 mL×8，量筒 25 mL，移液管 1 mL×2、2 mL×4、1 mL×2，烧杯 500 mL×1、50 mL×1，容量瓶 10 mL×1。

3. 试剂：$CuSO_4 \cdot 5H_2O$，酒石酸钾钠，NaOH，牛血清白蛋白。

六、仪器与设备

电子天平，烘箱，恒温水浴锅等。

七、注意事项

1. 注意正确标记试管（用标签或记号笔清晰标记于试管）。
2. 正确地保证有 3 个以上的平行测定试剂在测定蛋白质含量。

ⓔ答案提示 2-7

八、思考与探索

1. 双缩脲实验不能应用于哪些样品的测试，为什么？
2. 对于食品工程中大规模蛋白质含量测定，双缩脲实验是否适合？

3. 在双缩脲测定蛋白质含量的实验中，可能存在的干扰因素是什么？

九、实验预习小测

e 预习小测 2-7

（贾玉龙 母应春）

e 教学视频 2-3
考马斯亮蓝 G-250
染色法测定蛋白质
含量

实验 1-8 蛋白质含量测定——考马斯亮蓝 G-250 染色法

一、目的与要求

掌握考马斯亮蓝 G-250 法测定蛋白质含量的原理和操作步骤，进一步熟练分光光度计的原理和操作方法，掌握标准曲线的制作和应用。

二、实验原理

考马斯亮蓝 G-250（Coomassie brilliant blue G-250，CBB G250）法测定蛋白质含量，属于染料结合法的一种，染料主要是与蛋白质的碱性氨基酸（特别是精氨酸）和芳香族氨基酸相结合。考马斯亮蓝 G-250 在游离状态下呈红色，最大光吸收在 465 nm；当它与蛋白质结合后变为青色，蛋白质 – 染料结合物在 595 nm 波长下有最大光吸收，其吸光度值与蛋白质含量成正比，因此可用于蛋白质的定量测定。蛋白质与考马斯亮蓝 G-250 结合，在 2 min 左右的时间内达到平衡，反应十分迅速；其结合物在室温下 1 h 内保持稳定。该法是 1976 年 Bradford 建立，因此也称 Bradford 法，试剂配制简单，干扰物质少，操作简便快捷，灵敏度高，可测定微克级蛋白质含量，测定范围为 10 ~ 1 000 μg/mL，现已广泛应用于蛋白质含量的测定。

三、基本步骤

1. 标准曲线制作：取 6 支 10 mL 干净的具塞试管，按表 1 取样，其中 0 号试管为对照。盖塞后，将各试管中溶液倒转混合，放置 2 min 后用 1 cm 光径比色杯在 595 nm 波长下比色，记录各管测定的 A_{595}。以 A_{595} 为纵坐标，标准蛋白质含量为横坐标，制作标准曲线。

2. 待测样品制备：称取新鲜绿豆芽下胚轴 2 g 放入研钵中，加 2 mL 蒸馏水研磨成匀浆，转移到离心管中，再用 6 mL 蒸馏水分次洗涤研钵，洗涤液收集于同一离心管中，放置 0.5 ~ 1 h 以充分提取，然后在 3 500 r/min 离心 20 min，弃沉淀，上清液转入 10 mL 容量瓶，以蒸馏水定容至刻度，得待测样品提取液。

3. 样品提取液中蛋白质含量的测定：另取 2 支 10 mL 具塞试管，按表 1 取样。吸取提取液 0.6 mL，放入具塞试管中，加入蒸馏水 1.4 mL，再加 5 mL 考马斯亮蓝 G-250 试剂，将各试管中溶液倒转混合，放置 2 min 后用 1 cm 光径比色杯在 595 nm 下比色，记录 A_{595}，并通过标准曲线查得待测样品提取液中的蛋白质含量 X（μg）。以标准曲线 0 号试管为对照。

管号	0	1	2	3	4	5	样 1	样 2
标准蛋白质溶液 /mL	0	0.4	0.8	1.2	1.6	2.0	0.6	0.6
蒸馏水 /mL	2.0	1.6	1.2	0.8	0.4	0	1.4	1.4
考马斯亮蓝 G-250 试剂 /mL	5.0	5.0	5.0	5.0	5.0	5.0	5.0	5.0
A_{595}								

· **表 1** 蛋白质标准曲线制作及样品测定

4. 结果计算

$$样品蛋白质含量（\mu g/g\,鲜重）= \frac{X \times \dfrac{提取液总体积（mL）}{测定时取样体积（mL）}}{样品鲜重（g）}$$

式中，X 为在标准曲线上查得的蛋白质含量（μg）。

四、溶液配制

1. 100 $\mu g/mL$ 牛血清白蛋白标准溶液的配制：准确称取 100 mg 牛血清白蛋白，溶于 100 mL 蒸馏水中，即为 1 000 $\mu g/mL$ 原液。用时稀释 10 倍得 100 $\mu g/mL$。

2. 考马斯亮蓝 G-250 的配制：称取 100 mg 考马斯亮蓝 G-250，溶于 50 mL 90% 乙醇中，加入 85% 磷酸 100 mL，最后用蒸馏水定容至 1 000 mL。在常温下可放置一个月。

五、实验材料与耗材

1. 材料：新鲜绿豆芽。

2. 耗材：移液管 1 mL×4、2 mL×2、5 mL×1，具塞试管 ×8，研钵 ×1，离心管 ×2，烧杯 100 mL×2、1 000 mL×2，量筒 100 mL×3，容量瓶 10 mL×1。

3. 试剂：乙醇，磷酸（85%），牛血清白蛋白，考马斯亮蓝 G-250。

六、仪器与设备

分析天平，台式天平，离心机，分光光度计等。

七、注意事项

1. Bradford 法由于染色方法简单迅速，干扰物质少，灵敏度高，现已广泛应用于蛋白质含量的测定。但是不同蛋白质中精氨酸和芳香族氨基酸的含量不同，因此不同蛋白质测定时有较大的偏差，也不适用于小分子碱性多肽的定量，如核糖核酸酶或溶菌酶。

2. 有些阳离子，如 K^+、Na^+、Mg^{2+} 及 $(NH_4)_2SO_4$、乙醇等物质不干扰测定，但大

量的去污剂如 TritonX-100、SDS 等严重干扰测定。

3. 蛋白质与考马斯亮蓝 G-250 结合的反应十分迅速，在 2 min 左右反应达到平衡；其结合物在室温下 1 h 内保持稳定。因此测定时，不可放置太长时间，否则将使测定结果偏低。

4. 测定中，蛋白质 – 染料复合物会有少部分吸附于比色杯壁上，测定完后可用乙醇将蓝色的比色杯洗干净。

5. 掌握分光光度计的正确使用方法，重复测定吸光度值时，比色杯一定要冲洗干净。

6. 制作蛋白质标准曲线时，蛋白质标准品最好从低浓度到高浓度测定，防止产生误差。标准曲线有轻微的非线性，不能用比尔定律计算而只能用标准曲线来测定未知蛋白质的含量。

ℯ 答案提示 2-8

八、思考与探索

1. 制作标准曲线及测定样品时，为什么要将各试管中溶液倒转混合？
2. 蛋白质含量测定的方法主要有哪几种？比较各种方法的优缺点。

九、实验预习小测

ℯ 预习小测 2-8

（赖晓芳）

ℯ 教学视频 2-4
不连续 SDS- 聚丙烯酰胺凝胶电泳

实验 1-9　不连续 SDS- 聚丙烯酰胺凝胶电泳分离蛋白质

一、目的与要求

掌握 SDS- 聚丙烯酰胺凝胶电泳的原理，以及 SDS- 聚丙烯酰胺凝胶电泳的实验操作。

二、实验原理

聚丙烯酰胺凝胶电泳具有较高的分辨率，用它分离、检测蛋白质混合样品，主要是根据各蛋白质的分子大小、形状以及所带电荷多少等因素造成的电泳迁移率差别。

SDS 是一种阴离子型去污剂，在蛋白质溶液中加入 SDS 和 β- 巯基乙醇后，β- 巯基乙醇可还原蛋白质分子中的二硫键。SDS 能断裂蛋白质的次级键，并结合到多肽链上（在一定条件下，大多数多肽与 SDS 的结合比为 1.4 g SDS/g 多肽）。SDS 携带的负电荷量大大超过了多肽链分子原有的电荷量，因而掩盖了多肽链的天然内在电荷。SDS 与蛋白质结合后，还引起了蛋白质构象的改变。蛋白质 –SDS 复合物在水溶液中呈现近似于雪茄形的长椭圆棒，不同蛋白质 –SDS 复合物的短轴长度都一样，长轴则随蛋白质分子量大小呈正比变化。因此蛋白质 –SDS 复合物在凝胶中的迁移率，不再受蛋白质原有电荷和形状的影响，而只是蛋白质分子量的函数。将已知分子量的标准蛋白质的迁移率对分子量的对数作图，可得到一条标准曲线。将未知分子量的蛋白质样品，在相同的条件下进行电泳，根据它的电泳迁移率可在标准曲线上查得它的分子量。

SDS-PAGE 分为连续系统和不连续系统。连续系统电泳体系中的缓冲液 pH 与凝胶中的相同，带电颗粒在电场作用下，主要靠电荷和分子筛效应。不连续系统中带电颗粒在电场中泳动不仅有电荷效应、分子筛效应，还具有浓缩效应，因而其分离条带清晰度及分辨率均优于前者。

三、基本步骤

1. 准备步骤

（1）将玻璃凝胶板使用洗涤剂清洗干净，用蒸馏水冲洗后，自然风干或烘干。

（2）试样格（俗称梳子）临用前用无水乙醇擦拭，让其挥发至干。

2. 制备凝胶

（1）在制胶底座上放好胶垫，将一块带固定边条的玻璃板和一块短玻璃板对齐后垂直放入制胶器上，卡紧，准备灌胶。

（2）参照表 1 的配方，配制适当体积的 10% 分离胶，各成分混合后应迅速搅拌均匀。

表 1 SDS-PAGE 不同浓度凝胶体系配方

成分	分离胶浓度（20 mL）					5% 浓缩胶（8 mL）
	6%	8%	10%	12%	15%	
蒸馏水 /mL	10.6	9.3	7.9	6.6	4.6	5.5
30% 丙烯酰胺贮存液 /mL	4.0	5.3	6.7	8.0	10.0	1.3
1.5 mol/L Tris（pH 8.8）/mL	5.0	5.0	5.0	5.0	5.0	
1.0 mol/L Tris（pH 6.8）/mL	−	−	−	−	−	1.0
10% SDS/mL	0.2	0.2	0.2	0.2	0.2	0.08
10% 过硫酸铵 /mL	0.2	0.2	0.2	0.2	0.2	0.08
TEMED/mL	0.016	0.012	0.008	0.008	0.008	0.008

（3）迅速在两玻璃板间隙中灌注分离胶，直至剩余的板宽比梳齿长度多 1 cm。小心在胶上覆盖 3~5 mm 的蒸馏水层，等待胶液聚合。30℃下，大约经 40 min，胶液即可聚合完成，其标志是胶液与水层之间形成了清晰的界面。

（4）分离胶聚合完全后，倒去水层，用蒸馏水冲洗胶面数次以除去未聚合的丙烯酰胺，用滤纸条吸干残余水（滤纸条尽可能不触碰胶面）。

（5）参照表 1，配制适当体积的 5% 浓缩胶，各成分混合后应迅速搅拌均匀。

（6）迅速灌注浓缩胶至离玻璃板顶端 2 mm 处，立即插入干净的梳子，避免梳子底部产生气泡，等待胶液聚合，约 40 min。

（7）浓缩胶聚合完全后，小心拔出梳子（注意避免加样孔胶条断裂或扭曲），用移液器吸取 Tris-甘氨酸电极缓冲液清洗加样孔数次，以除去未聚合的丙烯酰胺。

（8）将玻璃板装置转移到电泳槽里，在内、外槽中分别加入足够的 Tris-甘氨酸电极缓冲液，内槽电极缓冲液要高于短玻璃板边，与凝胶接触。外槽电极缓冲液要达到与电极丝接触的高度。

3. 样品的制备

将蛋白质溶液与 2× 样品溶解液 1∶1（V/V）混匀，使蛋白质的终含量为 0.5～1 mg/mL，混合液在沸水浴中加热 3～5 min，12 000 r/min 离心 5 min，取上清液待用。

4. 上样

用移液器或微量进样器将适量的不同蛋白质样品分别加入不同加样孔，其中一个加样孔加入蛋白质分子量标准品（marker），最大加样量不能超过加样孔的胶条高度。

5. 电泳

加样完成后，盖上电泳槽盖子，按照正确方向连接电极线（负极与加样孔相连，正极与胶的底部相连）。打开电源，初始电压为 8 V/cm，当染料进入分离胶后，将电压提高到 15 V/cm，继续电泳直至染料到达离分离胶底部。

6. 染色和脱色

（1）染色：从电泳装置上卸下玻璃板，用镊子小心撬开玻璃板，除去浓缩胶，将分离胶移入至少 5 倍体积的染色液中，室温染色 8 h 或 60℃ 染色 0.5 h。

（2）脱色：回收染色液，将凝胶浸泡于脱色液中，脱色液至少要没过分离胶，多次更换脱色液，直至背景脱至无色而蛋白质条带清晰可见。

（3）脱色完成后，拍照记录实验结果。

四、溶液配制

1. 30% 丙烯酰胺贮存液：29 g 丙烯酰胺（Acr）和 1 g N,N′-亚甲双丙烯酰胺（Bis）加蒸馏水溶解，定容至 100 mL。验证其 pH 不大于 7.0。置棕色瓶中，4℃ 保存。

2. 1.5 mol/L Tris（pH 8.8）溶液：每 100 mL 溶液中，含 18.17 g Tris，用 HCl 调节至 pH 8.8。

3. 1.0 mol/L Tris（pH 6.8）溶液：每 100 mL 溶液中，含 12.14 g Tris，用 HCl 调节至 pH 8.0。

4. 10% SDS 溶液：1 g SDS 溶于 9 mL 水中。

5. 10% 过硫酸铵：1 g 过硫酸铵溶于 9 mL 水中。该溶液需新鲜配制。

6. 2× 样品溶解液：2% SDS，5% β-巯基乙醇，10% 甘油，0.02% 溴酚蓝，0.01 mol/L Tris-HCl（pH 8.0）缓冲液。

7. 5×Tris-甘氨酸电极缓冲液：每 1 000 mL 该溶液中，含 15.1 g Tris，94 g 甘氨酸和 50 mL 10% SDS 溶液。使用前稀释。

8. 考马斯亮蓝 R250 染色液：每 100 mL 脱色液中溶解 0.25 g 考马斯亮蓝 R250，

过滤除去不溶性颗粒。

9. 脱色液：甲醇、水、无水乙酸的体积比为 9∶9∶2。

五、实验材料与耗材

1. 材料：标准蛋白质配制的溶液或自行提取的蛋白质溶液。

2. 耗材：量筒 1 000 mL×1、500 mL×1、100 mL×1、10 mL×1，烧杯 10 mL×3、50 mL×1、100 mL×5、500 mL×2、1 000 mL×2，容量瓶 100 mL×3，移液管 10 mL×2、5 mL×2、2 mL×1，玻璃棒，移液器及吸头，离心管。

3. 试剂：牛血清白蛋白，蛋白质分子量标准品（marker），丙烯酰胺（Acr），N,N'-亚甲双丙烯酰胺（Bis），十二烷基硫酸钠（SDS），过硫酸铵（AP），四甲基乙二胺（TEMED），三羟甲基氨基甲烷（Tris），甘油，甘氨酸，β-巯基乙醇，溴酚蓝，HCl，无水乙酸，甲醇，考马斯亮蓝 R250。

六、仪器与设备

电子天平，垂直板电泳槽，凝胶板，试样格，制胶架，电泳仪，移液器，恒温水浴锅等。

七、注意事项

1. N,N'-亚甲双丙烯酰胺、丙烯酰胺均为毒性物质，使用时应避免其直接接触皮肤，必要时应戴手套，但其凝固后就变成无毒物质。

2. 玻璃板洗干净后，注意手指不能接触灌胶面的玻璃板。

3. 安装玻璃板时，注意两块玻璃板要对齐，以免漏胶。

4. 分离胶浓度可根据待分离蛋白质的分子量大小而调整。

ⓔ 答案提示 2-9

八、思考与探索

1. 样品溶解液中各成分的作用分别是什么？

2. 电泳条带呈现向上弯曲（"微笑状"）或向下弯曲（"皱眉状"）的原因是什么？

ⓔ 预习小测 2-9

九、实验预习小测

（李今煜）

实验 1-10 醋酸纤维素薄膜电泳分离血清蛋白质

一、目的与要求

1. 掌握醋酸纤维素薄膜电泳原理。
2. 熟悉醋酸纤维素薄膜电泳分离血清蛋白的实验操作。

二、实验原理

醋酸纤维素薄膜电泳是一种用醋酸纤维素薄膜作为支持物的分离和鉴定分子的技术。它具有简便、快速和准确的特点，目前已广泛用于血清蛋白、脂蛋白、血红蛋白、糖蛋白、多肽、核酸、同工酶及其他生物大分子的分析检测。

本实验以醋酸纤维素为电泳支持物，分离各种血清蛋白。血清中含有白蛋白、α– 球蛋白、β– 球蛋白、γ– 球蛋白和各种脂蛋白等。各种蛋白质由于氨基酸组成、分子量、等电点及形状不同，在电场中的迁移速度不同。以醋酸纤维素薄膜为支持物，正常人血清在 pH 8.6 的缓冲体系中电泳，染色后可显示 5 条区带。其中白蛋白的泳动速度最快，其余依次为 α1– 球蛋白、α2– 球蛋白、β– 球蛋白及 γ– 球蛋白。

三、基本步骤

1. 浸泡：用镊子取醋酸纤维素薄膜 1 张（2 cm × 8 cm），小心平放在盛有巴比妥 – 巴比妥钠缓冲液的平皿中，浸泡约 30 min。将浸透的薄膜从巴比妥缓冲液中轻轻取出，夹在滤纸中吸干多余的缓冲液，然后无光泽面朝上平铺在玻璃板上。

2. 点样：用盖玻片边缘蘸取少量血清，轻轻地印在点样区内，使血清完全渗透至薄膜内，形成一定宽度、粗细均匀的直线。点样区距阴极端约 1.5 cm（图 1）。

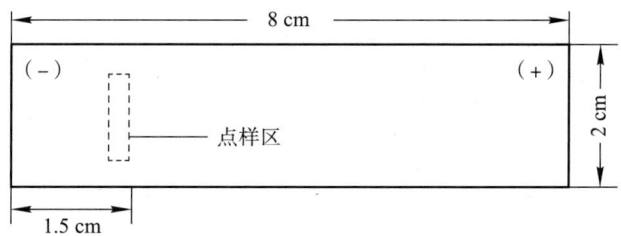

图 1 醋酸纤维素薄膜规格及点样位置示意图（虚线处为点样位置）

3. 电泳：根据电泳槽膜支架的宽度，裁剪尺寸合适的滤纸条。在电泳槽的两个膜支架上，各放两层滤纸条，使滤纸一端的长边与支架前沿对齐，另一端浸入电泳缓冲液中。当滤纸全部润湿后，即为滤纸桥。将点样端的薄膜平贴在阴极电泳槽支架的滤纸桥上（点样面朝下），另一端平贴在阳极端支架上。盖上电泳槽盖，使薄膜平衡 10 min。通电，调节电压至 160 V，电泳 45 ~ 60 min。

4. 染色：电泳完毕后将薄膜取下，放在染色液中浸泡 10 min。

5. 漂洗：将薄膜从染色液中取出后移至漂洗液中漂洗 3~5 次，直至背景无色为止。取出薄膜放在滤纸上，用吹风机将薄膜吹干。

6. 透明：将脱色吹干后的薄膜浸入透明液中，浸泡 2~3 min 后，取出紧贴于洁净玻璃板上，两者间不能有气泡，干后即为透明的薄膜图谱（图 2）。

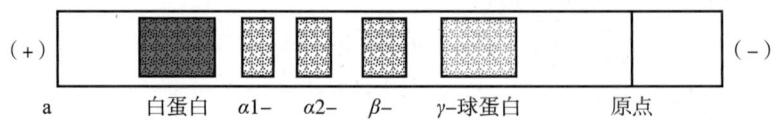

图 2 血清蛋白醋酸纤维素薄膜电泳图谱示意图

四、溶液配制

1. 巴比妥–巴比妥钠缓冲液（pH 8.6，0.075 mol/L）：称取巴比妥钠 12.76 g 和巴比妥 1.66 g，加蒸馏水溶解，定容至 1 000 mL。

2. 染色液：称取氨基黑 10B 2.5 g，加蒸馏水 200 mL，甲醇 250 mL 和无水乙酸 50 mL，混匀，贮存于试剂瓶中。

3. 漂洗液：取 95% 乙醇 225 mL，无水乙酸 5 mL 和蒸馏水 250 mL，混匀。

4. 透明液：取 125 mL 无水乙酸和 375 mL 无水乙醇，混匀。

五、实验材料与耗材

1. 材料：新鲜血清（未溶血）。

2. 耗材：醋酸纤维素薄膜（2 cm × 8 cm），培养皿，点样器，玻璃板，粗滤纸，铅笔，直尺，镊子。

3. 试剂：巴比妥，巴比妥钠，氨基黑 10B，甲醇，乙醇，无水乙酸。

六、仪器与设备

电泳仪，水平式电泳槽，移液器等。

七、注意事项

1. 市售醋酸纤维素薄膜均为干膜片，选择在浸泡时迅速润湿，整条薄膜色泽深浅一致时可作为实验用膜。

2. 点样时，应将薄膜表面多余的缓冲液用滤纸吸去，以免引起样品扩散。但不宜太干，否则样品不易进入膜内，造成点样起始点参差不齐，影响分离效果。

3. 点样时，动作要轻、稳。点样区尽量保持在一条直线上。

4. 电泳时应选择合适的电压电流强度，一般电流强度为 0.4~0.6 mA/cm 膜宽度。电流强度高，则热效应高，膜容易烧焦；电流过低，则样品泳动速度慢且易扩散。

八、思考与探索

答案提示 2-10

根据人血清中各蛋白质组分的性质，如何估计它们在 pH 8.6 的巴比妥 – 巴比妥钠电泳缓冲液中的相对迁移速度？

九、实验预习小测

预习小测 2-10

（金火喜）

>>> 模块二　酶的分离、纯化与测定

实验 2-1　马铃薯多酚氧化酶的制备及性质

教学视频 2-5
马铃薯多酚氧化酶
的制备及性质

一、目的与要求

1. 掌握从组织细胞中提取制备粗酶液的方法。
2. 了解多酚氧化酶的作用及各种因素对其作用的影响。

二、实验原理

多酚氧化酶在植物体中广泛存在，马铃薯和水果去皮或碰伤后会褐变，就是由于该酶作用的结果。该酶是一种含铜的氧化酶，其酶促反应最适 pH 为 6~7，最适底物是邻苯二酚（儿茶酚）。邻苯二酚由多酚氧化酶催化，可以被氧化形成邻苯二醌。间苯二酚和对苯二酚与邻苯二酚的结构相似，它们也可以被氧化。但氧化产物的颜色各不一样，由多酚氧化酶催化的氧化还原反应可通过溶液的颜色变化鉴定。

多酚氧化酶的催化活性易受各种因素的影响，本实验以温度、pH 最适条件下，探讨底物种类、底物浓度、酶浓度、抑制剂和蛋白质变性剂对酶活性的影响。

三、基本步骤

1. 多酚氧化酶的分离提取

称取 60 g 马铃薯，去皮，切块后放入匀浆器，加入 60 mL 氟化钠溶液，匀浆后，用纱布过滤至 100 mL 烧杯中。每小组分别量取 2.5 mL 滤液，置离心管中，再加入 2.5 mL 饱和硫酸铵溶液，混合后静置 10 min，于 4 000 r/min 离心 10 min，弃去上清液，沉淀用 10 mL pH 5.4 磷酸盐缓冲液溶解，得到粗酶液，其中含有马铃薯多酚氧化酶。

2. 多酚氧化酶底物专一性

按表 1，取 3 只试管并编号，加入相应的试剂，反应后观察现象并记录和分析原因。

· 表1 多酚氧化酶底物专一性

试管号	1	2	3
酶液 /mL	1	1	1
邻苯二酚 /mL	1	–	–
间苯二酚 /mL	–	1	–
对苯二酚 /mL	–	–	1
酶促反应	混匀后，于40℃保温 5～10 min		
5 min 现象			
10 min 现象			
现象解释			

3. 底物浓度的影响

按表2，取3只试管并编号，加入相应的试剂，反应后观察现象并记录和分析原因。

· 表2 底物浓度的影响

试管号	1	2	3
酶液 /mL	1	1	1
邻苯二酚 /mL	1 滴	1	3
水 /mL	3	2	–
酶促反应	混匀后，于40℃保温 1 min，观察颜色变化		
现象			
现象解释			

4. 酶浓度的影响

按表3，取3只试管并编号，加入相应的试剂，反应后观察现象并记录和分析原因。

· 表3 酶浓度的影响

试管号	1	2
酶液 /mL	1	1 滴
邻苯二酚 /mL	1	1
水 /mL	3	1
酶促反应	混匀后，于40℃保温 2 min，观察颜色变化	
现象		
现象解释		

5. 多酚氧化酶的化学性质

按表4，取3只试管并编号，加入相应的试剂，反应后观察现象并记录和分析原因。

<table>
<tr><td rowspan="2">试剂</td><td colspan="3">试管号</td></tr>
<tr><td>1</td><td>2</td><td>3</td></tr>
<tr><td>酶液 /mL</td><td>1</td><td>0.5</td><td>1</td></tr>
<tr><td>5% 三氯乙酸 /mL</td><td>−</td><td>0.5</td><td>−</td></tr>
<tr><td>硫脲</td><td>−</td><td>−</td><td>< 0.2 g</td></tr>
<tr><td>酶促反应</td><td colspan="3">混匀 2 min 后，分别加入 1 mL 邻苯二酚，40℃保温 10 min</td></tr>
<tr><td>现象</td><td></td><td></td><td></td></tr>
<tr><td>现象解释</td><td></td><td></td><td></td></tr>
</table>

• 表4 多酚氧化酶的化学性质

四、溶液配制

1. 0.1 mol/L 氟化钠溶液：将 0.42 g 氟化钠溶于 100 mL 水中；每大组 60 mL。

2. 0.01 mol/L 邻苯二酚溶液：将 0.11 g 邻苯二酚溶解于 100 mL 水中。为防止其自身的氧化作用，可用稀氢氧化钠调节溶液 pH 至 6.0。当溶液变成褐色时，应重新配制。新配制的溶液应贮存于棕色瓶中；每组 5 mL。

3. 0.01 mol/L 间苯二酚溶液：将 0.11 g 间苯二酚溶解于 100 mL 蒸馏水中；每组 1 mL。

4. 0.01 mol/L 对苯二酚溶液：将 0.11 g 对苯二酚溶解于 100 mL 蒸馏水中；每组 1 mL。

5. 0.05 mol/L 柠檬酸缓冲液（pH 5.4）；每组 10 mL。

A 液（0.05 mol/L 柠檬酸）：称取 1.051 g 一水柠檬酸，溶于 100 mL 水中。

B 液（0.05 mol/L 柠檬酸三钠）：称取 1.47 g 二水柠檬酸三钠，溶于 100 mL 水中。

pH 5.4 缓冲液：25.5 mL A 液与 74.5 mL B 液混合。

6. 5% 三氯乙酸溶液：称取 0.05 g 三氯乙酸，溶于 1 mL 水中；每组 0.5 mL。

7. 饱和硫酸铵：25℃ 10 mL 蒸馏水加约 8 g 硫酸铵（具体配制方法请查阅附录）；每组 2.5 mL。

五、实验材料与耗材

1. 材料：马铃薯。

2. 耗材：18 mm × 180 mm 试管 × 12，移液管 1 mL × 5、5 mL × 2、10 mL × 2，胶头滴管 × 2，洗耳球 × 1，100 mL 烧杯 × 1，10 mL 离心管 × 2，100 mL 量筒 × 1，纱布，小刀。

3. 试剂：氟化钠，氢氧化钠，邻苯二酚，间苯二酚，对苯二酚，三氯乙酸，硫酸铵，硫脲，柠檬酸三钠，柠檬酸。

六、仪器与设备

电子天平，电炉，恒温水浴锅，沸水浴锅，制冰机等。

七、注意事项

1. 温度对酶的活性有明显的影响，低温时酶的活性降低，但不会引起酶的变性，所以我们利用低温来贮存食物和酶制剂。在酶的分离提取时，应尽量在低温下操作。
2. 当溶液变成褐色时，应重新配制。新配制的溶液应贮存于棕色瓶中。
3. 探讨某一因素对酶活性的影响，其他因素应该保持在最适条件下。

八、思考与探索

1. 本实验多酚氧化酶的最适 pH 是多少？与提取时的 pH 是否相同，为什么？
2. 氟化钠溶液的作用是什么？
3. 在酶的提取过程中，加入等体积饱和硫酸铵的目的是什么？如何查看硫酸铵溶液饱和度计算表？

 预习小测 2-11

九、实验预习小测

（崔　凯）

实验 2-2　淀粉酶的提取和活力测定

一、目的与要求

了解淀粉酶的性质，掌握淀粉酶活力测定的原理和方法；掌握分光光度计的操作方法。

二、实验原理

淀粉酶广泛存在于动物、植物和微生物中。不同来源的淀粉酶具有不同的性质。植物中最重要的淀粉酶是 α- 淀粉酶和 β- 淀粉酶。α- 淀粉酶随机作用于直链淀粉和支链淀粉的直链部分 α-1,4- 糖苷键，单独使用时最终生成寡聚葡萄糖、α- 极限糊精和少量葡萄糖。α- 淀粉酶耐热但不耐酸，pH 3.6 以下会被钝化。β- 淀粉酶则从非还原端作用于 α-1,4- 糖苷键，遇到支链淀粉的 α-1,6- 糖苷键时停止。单独作用时产物为麦芽糖和 β- 极限糊精。β- 淀粉酶则与 α- 淀粉酶相反，不耐热但耐酸，70℃保温 15 min 可使其钝化。

淀粉经淀粉酶作用后生成的还原糖，与棕黄色的 3,5- 二硝基水杨酸发生显色反应，生成棕红色 3- 氨基 -5- 硝基水杨酸。显色反应颜色的深浅与还原糖的量成正比，因此，可以采用麦芽糖标准溶液制作标准曲线，利用比色法测定反应生成的还原糖量，最终以单位质量样品在一定时间内生成的麦芽糖量表示酶活力。

3,5-二硝基水杨酸   3-氨基-5-硝基水杨酸

三、基本步骤

1. 麦芽糖标准曲线的制作

取 7 只干净的具塞刻度试管，编号，按表 1 加入试剂。

试剂	试管编号						
	0	1	2	3	4	5	6
麦芽糖标准液 /mL	0	0.2	0.4	0.8	1.2	1.6	2.0
蒸馏水 /mL	2.0	1.8	1.6	1.2	0.8	0.4	0
3,5- 二硝基水杨酸 /mL	2.0	2.0	2.0	2.0	2.0	2.0	2.0
麦芽糖含量 /mg	0	0.2	0.4	0.8	1.2	1.6	2.0

· 表 1 麦芽糖标准曲线的制作

将各试管摇匀后，盖上试管塞，置于沸水浴中准确反应 5 min，取出后迅速流水冷却 3 min，加蒸馏水至 10 mL，摇匀。以标准曲线 0 号管为空白对照，在波长 540 nm 处测定吸光度值（A_{540}）。以麦芽糖含量为横坐标，A_{540} 为纵坐标，绘制标准曲线。

2. 淀粉酶的提取

称取萌发小麦种子（芽长 1 cm 左右）3.0 g，置于研钵中，加少量石英砂和 2 mL 蒸馏水，研磨成匀浆后转入离心管中，用 8 mL 蒸馏水分次将残渣洗入离心管中，提取液在室温下放置 15 ~ 20 min，每隔数分钟摇匀一次。充分提取后，于 5 000 r/min 离心 10 min，将上清液倒入 50 mL 容量瓶中，滴加蒸馏水定容，摇匀，即得淀粉酶原液。吸取淀粉酶原液 2.5 mL，放入 50 mL 容量瓶中，用蒸馏水定容，摇匀，即得稀释 20 倍的淀粉酶稀释液。

3. 酶活力的测定

取 12 只干净试管，编号，按表 2 进行操作。

试剂 /mL	α- 淀粉酶活力测定						淀粉酶总活力测定					
	对照管			测试管			对照管			测试管		
	CK-1	CK-2	CK-3	1	2	3	CK-4	CK-5	CK-6	4	5	6
淀粉酶原液	1	1	1	1	1	1	0	0	0	0	0	0

· 表 2 淀粉酶活力的测定

续表

试剂 /mL	α- 淀粉酶活力测定						淀粉酶总活力测定					
	对照管			测试管			对照管			测试管		
	CK-1	CK-2	CK-3	1	2	3	CK-4	CK-5	CK-6	4	5	6
淀粉酶稀释液	0	0	0	0	0	0	1	1	1	1	1	1
钝化 β- 淀粉酶	70℃水浴 15 min，冰浴 2 min						无					
0.4 mol/L NaOH 溶液	4	4	4	0	0	0	4	4	4	0	0	0
pH 5.6 柠檬酸缓冲液	1	1	1	1	1	1	1	1	1	1	1	1
40℃保温	40℃保温 5 min						40℃保温 5 min					
40℃ 10 g/L 淀粉溶液	2	2	2	2	2	2	2	2	2	2	2	2
水解淀粉	40℃保温 5 min						40℃保温 5 min					
0.4 mol/L NaOH 溶液	0	0	0	4	4	4	0	0	0	4	4	4

将各试管摇匀，分别吸取 2 mL 反应液转入对应编号的干净试管中，再各加入 3,5- 二硝基水杨酸 2 mL，盖上试管塞，摇匀，置沸水浴中准确反应 5 min，取出后迅速流水冷却 3 min，然后加入蒸馏水至 10 mL，摇匀。以标准曲线 0 号管为空白对照，测定 A_{540}。从麦芽糖标准曲线中查出麦芽糖含量，进行结果计算。

4. 结果计算

$$α- 淀粉酶活力（mg 麦芽糖 /g 鲜重 \times 5\ min）= \frac{4 \times (\overline{A} - \overline{A_0}) \times V_t}{W}$$

$$淀粉酶总活力（mg 麦芽糖 /g 鲜重 \times 5\ min）= \frac{4n \times (\overline{B} - \overline{B_0}) \times V_t}{W}$$

式中，$\overline{A}$—α- 淀粉酶活力测试管中麦芽糖含量的平均值（mg）；

      $\overline{A_0}$—α- 淀粉酶活力对照管中麦芽糖含量的平均值（mg）；

      $\overline{B}$—淀粉酶总活力测试管中麦芽糖含量的平均值（mg）；

      $\overline{B_0}$—淀粉酶总活力对照管中麦芽糖含量的平均值（mg）；

      n—淀粉酶原液稀释倍数，本实验为 20 倍；

      V_t—淀粉酶原液总体积（mL），本实验为 50 mL；

      W—样品质量（g）。

四、溶液配制

1. 麦芽糖标准溶液（1 mg/mL）：称取 100 mg 麦芽糖，用蒸馏水溶解，定容至 100 mL。

2. 3,5- 二硝基水杨酸（DNS）试剂：称取 1 g 3,5- 二硝基水杨酸，溶于 20 mL 的 1 mol/L NaOH 溶液中，加入 50 mL 蒸馏水，再加入 30 g 酒石酸钾钠，待溶解后用蒸馏水定容至 100 mL。

3. pH 5.6 柠檬酸缓冲液（0.1 mol/L）

A 液（0.1 mol/L 柠檬酸）：称取 21.01 g $C_6H_8O_7 \cdot H_2O$，用蒸馏水溶解，定容至 1 000 mL；

B 液（0.1 mol/L 柠檬酸钠）：称取 29.41 g $Na_2C_6H_8O_7 \cdot 2H_2O$，用蒸馏水溶解，定容至 1 000 mL；

取 A 液 55 mL 与 B 液 145 mL 混匀，即为 0.1 mol/L pH 5.6 的柠檬酸缓冲液。

4. 10 g/L 淀粉溶液：称取 1 g 淀粉溶于 100 mL 的 0.1 mol/L pH 5.6 柠檬酸缓冲液中。

五、实验材料与耗材

1. 材料：萌发的小麦种子，芽长约 1 cm。

2. 耗材：容量瓶 1 000 mL×2、100 mL×2、50 mL×2，具塞刻度试管 ×7，移液管 1 mL×5、2 mL×6、5 mL×1、10 mL×1，10 mL 离心管 ×24。

3. 试剂：DNS，麦芽糖，NaOH，柠檬酸，柠檬酸钠，酒石酸钾钠，淀粉。

六、仪器与设备

电子天平，研钵，台式离心机，恒温水浴锅，分光光度计等。

七、注意事项

1. 钝化 β- 淀粉酶或沸水浴后应迅速用流水冷却。

2. 淀粉酶原液的稀释倍数，根据淀粉酶原液中酶活力的大小调整。

3. 沸水加热时适时松动塞子，加热完毕冷却前及时拔开塞子通气，不要直接放入冷水中，试管易破损。

4. 准确记录反应时间，同时水浴加热多只试管时可以间隔一段时间依次放入，保证测试组与对照组反应时间相同。

八、思考与探索

ℯ 答案提示 2-11

1. 为什么要将 α- 淀粉酶活力对照管中的淀粉酶原液置 70℃ 水浴中保温 15 min？保温后为何要立即置于冰浴中骤冷？

2. pH 5.6 柠檬酸缓冲液的作用是什么？为什么要将淀粉酶液和 10 g/L 淀粉溶液置于 40℃ 水浴中保温？

ℯ 预习小测 2-12

3. 实验测得的总酶活力减去测得的 α- 淀粉酶活力是否就等于 β- 淀粉酶活力，为什么？

九、实验预习小测

（郑志忠）

实验 2-3 过氧化氢酶米氏常数的测定

一、目的与要求

1. 掌握分光光度计测定过氧化氢酶的米氏常数 K_m 和最大反应速率 V_{max}。
2. 了解底物浓度与酶反应速率之间的关系。
3. 熟练掌握分光光度计的使用方法。

二、实验原理

酶是由生物体内合成的具有催化功能的蛋白质，其具有特异性、高效性等优点。根据米氏方程，可以推断酶反应速率（V）和底物浓度 $[S]$ 的关系：$V = \dfrac{V_{max} \cdot [S]}{K_m + [S]}$

K_m 是反应速率等于最大反应速率一半时的底物浓度。通过双倒数作图法，将上式变为：$\dfrac{1}{V} = \dfrac{K_m}{V_{max}} \cdot \dfrac{1}{[S]} + \dfrac{1}{V_{max}}$

本实验以愈创木酚（邻甲氧基苯酚）为底物，过氧化氢酶可用过氧化氢将愈创木酚氧化为茶褐色产物（四邻甲氧基苯酚），该产物在 470 nm 波长处有最大吸收峰，且反应速度 V 在一定范围内与产物颜色深浅呈线性关系，故可通过测定 470 nm 波长下的吸光度变化可得知过氧化氢酶的米氏常数。

三、基本步骤

1. 过氧化氢酶粗提液的提取

将马铃薯置于研钵中研磨，称取 5 g 研磨后样品置于烧杯中，加入 10 mL pH 7.0 的磷酸盐缓冲溶液，在 30℃的水浴中静置 20 min，用纱布过滤，再置于冷冻离心机中，4℃，8 000 r/min，离心 10 min，所得上清液即为过氧化氢酶粗提液，置于 4℃冰箱保存备用。

2. 过氧化氢酶活力的测定

按照表 1，向刻度试管中依次加入 4 mL 0.1 mol/L 过氧化氢，1 mL 0.3% 愈创木酚

表 1 过氧化氢酶米氏常数的测定

试剂	试管编号								
	0	1	2	3	4	5	6	7	8
酶液 /mL	0	0.5	1	1.5	2	2.5	3	3.5	4
0.1 mol/L H_2O_2/mL	4	4	4	4	4	4	4	4	4
0.3% 愈创木酚 /mL	1	1	1	1	1	1	1	1	1
H_2O/mL	5	4.5	4	3.5	3	2.5	2	1.5	1

溶液，以及不同体积的过氧化氢酶粗提液，摇匀后加入蒸馏水，盖上比色皿盖后立刻在 470 nm 下测定吸光度值，从加入酶液时立刻开始计时，1 min 读数一次，当吸光度值不再变化，即为连续测定 5 min，以每分钟变化 0.01 为一个酶活单位。

3. 计算

以 $1/V$ 为纵坐标，以 $1/[S]$ 为横坐标作图，所得直线的截距是 $1/V_{max}$，斜率是 K_m/V_{max}。计算米氏常数。

四、溶液配制

1. 0.1 mol/L 过氧化氢：取 30% H_2O_2 23 mL 加入 1 000 mL 的容量瓶中，加蒸馏水至刻度（约 0.2 mol/L），用标准的 0.01 mol/L $KMnO_4$ 标定其准确浓度，稀释成 0.1 mol/L（标定前稀释 2 倍，取 2 mL，加 25% H_2SO_4 2 mL，用 0.01 mol/L $KMnO_4$ 滴定至微红色）。

2. 0.1 mol/L 磷酸盐缓冲液（pH 7.0）：称取 0.437 g $Na_2HPO_4 \cdot 12H_2O$ 和 0.122 g $NaH_2PO_4 \cdot 2H_2O$，溶于蒸馏水并稀释至 100 mL。

3. 0.3% 愈创木酚反应液：将 100 mL 0.1 mol/L 磷酸盐缓冲液（pH 7.0）置于 250 mL 烧杯中，加入愈创木酚 0.3 mL 加热搅拌至愈创木酚完全溶解。

五、实验材料与耗材

1. 材料：马铃薯。

2. 耗材：研钵 ×1，纱布，2 mL 离心管数个，烧杯 50 mL×1、100 mL×2、250 mL×1，100 mL 量筒 ×9，移液管 1 mL×3、1 mL×2、5 mL×3，10 mL 带刻度试管 ×9。

3. 试剂：H_2O_2，$KMnO_4$，H_2SO_4，$Na_2HPO_4 \cdot 12H_2O$，$NaH_2PO_4 \cdot 2H_2O$，愈创木酚。

六、仪器与设备

电子天平，恒温水浴锅，冷冻离心机，分光光度计等。

七、注意事项

1. 反应时间必须准确。
2. 酶浓度需均一，若酶浓度过高，可适当稀释。
3. 滴定终点的判断要准确。

八、思考与探索

1. 测定米氏常数的时候，应该注意什么？
2. 在实验操作过程中，过氧化氢的作用是什么？可以替换成其他试剂吗？

九、实验预习小测

ℯ 预习小测 2-13

（王雪郦）

实验 2-4 酵母蔗糖酶的提取及性质鉴定

一、目的与要求

了解蔗糖酶的性质，掌握活性酶的提取分离方法；掌握 3,5- 二硝基水杨酸法（DNS 法）测定蔗糖酶酶活力的原理与方法，了解酶活力定义，复习紫外可见分光光度计的使用。

二、实验原理

生物大分子的提取过程是把生物大分子（如蛋白质、酶、核酸等）从生物材料的组织中以溶解的状态释放出来的过程。对于生物大分子的提取应根据其在生物体中存在的部位和状态而定，如胞内或胞外。对于胞内生物大分子的提取比较复杂，首先必须破碎细胞，将生物大分子有效提出并制成无细胞的提取液后再分级分离。生物化学实验中常用的细胞破碎方法有：菌体自溶法、机械破碎法、超声波破碎法。

蔗糖酶（invertase）是胞内酶，化学本质是蛋白质，提取方法有多种，例如冻融法、SDS 法、甲苯法等。生物酶很容易变性，一旦变性就会失去催化能力，因此在提取的过程中要格外小心。通过以上方法提取的酶液，称为粗酶液，仍含有很多杂质，如杂蛋白、多糖等。需进一步的分离纯化，才能获得纯度较高的酶制品。分级沉淀提取步骤是酶的一个初步纯化过程，常用的分级沉淀方法有：盐析法、有机溶剂沉淀法。

蔗糖酶即 D- 呋喃果糖苷水解酶（fructofuranoside fructohydrolase），EC.3.2.1.26，特异地催化非还原糖中的呋喃果糖苷键水解，具有相对专一性。不仅能催化蔗糖水解生成 D- 葡萄糖和 D- 果糖，也能催化棉子糖水解生成蜜二糖和果糖。

蔗糖酶的最适温度为 45 ~ 50℃，最适 pH 为 3.5 ~ 5.5。该酶以两种形式存在于酵母细胞膜的外侧和内侧，在细胞膜外细胞壁中的称之为外蔗糖酶（external invertase），其活力占蔗糖酶活力的大部分，是含有 50% 糖成分的糖蛋白。在细胞膜内侧细胞质中的称之为内蔗糖酶（internal invertase），含有少量的糖。两种酶的蛋白质部分均为双亚基，二聚体；两种酶的氨基酸组成不同，外酶每个亚基比内酶多两个氨基酸，Ser 和 Met；它们的分子量也不同，外酶约为 270 kDa（或 220 kDa，与酵母的来源有关），内酶约为 135 kDa。

本实验采用 3,5- 二硝基水杨酸（DNS）比色法测定还原糖的含量，由此得出蔗糖酶的水解速度。其原理是 DNS 与还原糖共热被还原成棕红色的氨基化合物，在一定范围内还原糖的量和反应液的颜色深度成正比。因此可利用分光光度计在 540 nm 进行比色测定，求得样品中的含糖量。该法操作简便、快速、杂质干扰小。

酶的活力单位：蔗糖酶在室温下（25℃），pH 4.5 的条件下，每分钟水解产生 1 μmol 葡萄糖所需的酶量（mL）。

三、基本步骤

1. 葡萄糖标准曲线的制作

按照表 1，取 7 只试管编号为 1 ~ 7，先分别加入 0、100、200、400、600、800 和 1 000 μg/mL 的标准葡萄糖溶液 0.5 mL，参比液试管中加入 0.5 mL 蒸馏水，然后在各试管中分别加入 0.5 mL DNS 试剂，在沸水浴中加热 5 min 后冷却，然后各加入 4 mL 蒸馏水，振荡均匀，测定吸光度值 A_{540}。以葡萄糖质量（mg）为横坐标，A_{540} 为纵坐标，制作葡萄糖浓度－吸光度值标准曲线。

管号	每管糖含量 /μg	标准葡萄糖溶液		DNS 试剂用量 /mL	反应	蒸馏水用量 /mL	A_{540}
		浓度 /μg·mL⁻¹	用量 /mL				
1	0	0	0.5	0.5		4	
2	50	100	0.5	0.5		4	
3	100	200	0.5	0.5	沸水浴加热 5 min 后冷却	4	
4	200	400	0.5	0.5		4	
5	300	600	0.5	0.5		4	
6	400	800	0.5	0.5		4	
7	500	1 000	0.5	0.5		4	

· **表 1**　葡萄糖标准曲线的制作

2. 活性干酵母蔗糖酶的提取

超声波破碎法提取蔗糖酶：称取 10 g 活性干酵母，用 200 mL 缓冲液配成 50 g/L 酵母溶液。将酵母溶液在冰浴条件下，用超声波细胞破碎仪破碎细胞，调节仪器参数为：timer-20 min；pulse-2.0 s-2.0 s（脉冲 2 s，间隔 2 s）；max intensity-60%；intensity-10。破碎细胞后，4℃、12 000 r/min 离心 15 min，其中上清液即为粗酶液，命名为"C 级分 1"，4℃保存。

蔗糖酶的乙醇分级纯化：取粗酶液 20 mL 用稀乙酸调 pH 至 4.5。第一次乙醇沉淀，取预冷的乙醇溶液 10 ~ 15 mL 缓慢地滴加入粗酶液，并不断搅拌。滴加结束后，4℃、4 000 r/min 离心 15 min，弃沉淀。第二次乙醇沉淀，往第一次分级沉淀所得上清液缓慢地滴加预冷的等体积乙醇溶液，并不断搅拌。滴加结束后，4℃、4 000 r/min 离心 15 min，收集沉淀。沉淀立刻用 15 mL 缓冲液（预冷至 4℃）溶解，4℃保存。命名为"C 级分 2"。

3. 蔗糖酶活力的测定

吸取供试酶液 2 mL 于试管 A 中，再加入 1 mL 1 mol/L 氢氧化钠灭酶，作为对照管。

另取酶液 2 mL 于试管 B，然后 A、B 两只试管分别放入 45℃水浴中预热 5 min；试管 A 和 B 中分别加入 2 mL 预热好的 50 g/L 蔗糖溶液；之后，将二者混匀，酶促反应 30 min，之后再向试管 B 中加入 1 mL 1 mol/L 氢氧化钠溶液，摇匀，终止酶促反应。

从酶促反应液中量取 0.5 mL 酶液于试管中，加入 0.5 mL DNS 试剂，沸水中反应 5 min 后，加入 4 mL 蒸馏水，摇匀后，于 540 nm 处测定吸光度值，与葡萄糖标准曲线比较，求出酶促反应液中还原糖的含量。以蒸馏水调零。

4. 结果计算

$$蔗糖酶活力（U/mL）= \frac{A_{540} \, 相当的葡萄糖毫克数}{2 \times V} \times 4$$

式中，V—测定时样品的体积（mL）。

四、溶液配制

1. 3,5- 二硝基水杨酸（DNS）试剂：6.3 g DNS 和 262 mL 2 mol/L NaOH 加到 500 mL 含有 182 g 酒石酸钾钠的热水溶液中，再加 5 g 重蒸酚和 5 g 亚硫酸钠，搅拌溶解。冷却后加蒸馏水定容至 1 000 mL，贮存于棕色瓶中。

2. 标准葡萄糖溶液：准确称取干燥恒重的葡萄糖 1 g，加少量水溶解后加 8 mL 12 mol/L 盐酸（防止微生物生长），用蒸馏水定容至 1 000 mL，即成 1 000 μg/mL 标准葡萄糖溶液。用该溶液和蒸馏水分别以 1∶9、1∶4、2∶3、3∶2、4∶1 比例稀释，得到下列浓度的标准葡萄糖溶液：100 μg/mL、200 μg/mL、400 μg/mL、600 μg/mL、800 μg/mL，备用。

3. 1 mol/L NaOH 溶液：称取 4 g NaOH，加水溶解后，定容至 100 mL。

4. 1 mol/L 乙酸溶液：量取无水乙酸（99.5%，相对密度 1.05）2.875 mL，加水定容至 50 mL。

5. 50 g/L 蔗糖溶液：称取 5 g 蔗糖，溶于 100 mL 水中。

6. 0.2 mol/L pH 5.5 乙酸 – 乙酸钠缓冲液

（1）0.2 mol/L 乙酸：11.55 mL 无水乙酸定容至 1 000 mL。

（2）0.2 mol/L 乙酸钠：16.4 g 无水乙酸钠或 27.2 g 三水合乙酸钠溶于适量蒸馏水，定容至 1 000 mL。

（3）0.2 mol/L 乙酸 6.8 mL 与 0.2 mol/L 乙酸钠 43.2 mL，混匀即可。

五、实验材料与耗材

1. 材料：活性干酵母。

2. 耗材：25 mL 试管 ×9，移液管 0.5 mL×2、1 mL×4、2 mL×2、5 mL×2，烧杯 250 mL×1、50 mL×2、1 000 mL×2，容量瓶 100 mL×4、50 mL×2、1 000 mL×2，量筒 50 mL×2，比色皿，纱布，漏斗，50 mL 离心管，精密 pH 试纸。

3. 试剂：95% 乙醇，3,5- 二硝基水杨酸，酒石酸钾钠，重蒸酚，亚硫酸钠，葡萄糖，乙酸，乙酸钠，蔗糖。

六、仪器与设备

电子天平，超声波细胞破碎仪，烘箱，高速冷冻离心机，恒温水浴锅，分光光度计等。

七、注意事项

1. 酶液的稀释倍数可根据不同材料酶活性大小而定。

2. 为保证酶促反应时间的准确性，保温这一步骤，可将各试管间隔一定时间依次放入水浴锅中，并准确记录反应时间，时间达到后，应立即取出试管，加入3，5-二硝基水杨酸试剂，以尽量减少各样品因保温时间不同而引起的误差。

3. 水浴锅温度变化不超过 ±0.5℃。

ℯ 答案提示 2-12

八、思考与探索

1. 测定酶活力时，酶液为什么要进行稀释？如何确定酶液的稀释倍数？

2. 测定蔗糖酶活力时，反应液中先后加入 0.5 mL 1 mol/L 氢氧化钠溶液的目的是什么？

ℯ 预习小测 2-14

九、实验预习小测

（邓加聪　郑　虹）

实验 2-5　尿素对蔗糖酶的抑制影响

一、目的与要求

了解抑制剂与酶结合的特点，熟悉双倒数作图法计算酶的 K_m、V_{max}；掌握抑制剂类型的判断。

二、实验原理

抑制剂与酶之间的相互作用呈现出多样性，可被划分为两大类型：不可逆抑制和可逆抑制。在不可逆抑制中，抑制剂与酶结合形成的共价键牢固而稳定，使抑制剂难以通过透析等方法予以去除；与之相反，可逆抑制则更加灵活。可逆抑制可分为三种类型：竞争性抑制、非竞争性抑制和反竞争性抑制。这些不同类型的抑制剂与酶的结合方式多不相同，因而对酶活性的影响也各有特点，并且可以通过 K_m、V_{max} 和相应表观值的变化进行判断。

本实验通过 Lineweaver-Burk 双倒数作图法，计算酶的米氏常数 K_m、最大反应速率 V_{max} 和相应的表观 K_m 值（K'_m）的变化，深入了解抑制剂和酶之间的相互作用机制。

三、基本步骤

1. 根据表 1 制作葡萄糖标准曲线。

· 表1 葡萄糖标准曲线

试剂	编号						
	0	1	2	3	4	5	6
标准葡萄糖溶液 /mL	0	0.2	0.4	0.8	1.2	1.6	2.0
蒸馏水 /mL	2.0	1.8	1.6	1.2	0.8	0.4	0
3,5- 二硝基水杨酸 /mL	2.0	2.0	2.0	2.0	2.0	2.0	2.0
葡萄糖含量 /μmol	0	2	4	8	12	16	20

　　将各试管摇匀后，盖上试管塞，置于沸水浴中准确反应 5 min，取出后迅速流水冷却 3 min，然后加入蒸馏水至 10 mL，摇匀。在此过程中，需确保操作的准确性和迅速性。在分光光度计中，以表 1 中 0 号管为空白对照，在波长 540 nm 处测定吸光度值（A_{540}）。以葡萄糖含量为横坐标，A_{540} 吸光度值为纵坐标，制作标准曲线。

　　2. 按照表 2、表 3 加入各试剂反应，进行蔗糖酶的 K_m、V_{max} 的测定。

· 表2 蔗糖酶的 K_m、V_{max} 的测定

试剂 /mL	编号							
	0	1	2	3	4	5	6	7
0.5 mol/L 蔗糖	0	0.02	0.03	0.04	0.06	0.08	0.1	0.2
蒸馏水	0.6	0.58	0.57	0.56	0.54	0.52	0.5	0.4
pH 4.5 乙酸缓冲液	0.2	0.2	0.2	0.2	0.2	0.2	0.2	0.2
蔗糖酶	0.2	0.2	0.2	0.2	0.2	0.2	0.2	0.2
酶促反应	55℃反应 5 min							
0.4 mol/L NaOH	1	1	1	1	1	1	1	1
DNS 试剂	2	2	2	2	2	2	2	2

· 表3 尿素对蔗糖酶的抑制试验

试剂 /mL	编号							
	0	1	2	3	4	5	6	7
0.5 mol/L 蔗糖	0	0.02	0.03	0.04	0.06	0.08	0.1	0.2
蒸馏水	0.5	0.48	0.47	0.46	0.44	0.42	0.4	0.3
pH 4.5 乙酸缓冲液	0.2	0.2	0.2	0.2	0.2	0.2	0.2	0.2
4 mol/L 尿素	0.1	0.1	0.1	0.1	0.1	0.1	0.1	0.1
蔗糖酶	0.2	0.2	0.2	0.2	0.2	0.2	0.2	0.2
酶促反应	55℃反应 5 min							
0.4 mol/L NaOH	1	1	1	1	1	1	1	1
DNS 试剂	2	2	2	2	2	2	2	2

将各试管摇匀，盖上试管塞，置沸水浴中准确反应 5 min，取出后迅速流水冷却 3 min，然后加入蒸馏水至 10 mL，摇匀。分别以各自表中 0 号管为空白对照，在波长 540 nm 处测定 A_{540}。

3. 结果处理

（1）根据葡萄糖标准曲线找出 A_{540} 对应的生成的葡萄糖含量，进而计算出蔗糖酶的反应速率 V。

（2）采用 Lineweaver-Burk 双倒数作图法，画出反应速率 V 与底物浓度 $[S]$ 的关系图，即 $1/V \sim 1/[S]$ 关系图，计算 K_m、V_{max} 和 K'_m。

（3）根据抑制剂存在时，K_m、K'_m、V_{max} 的变化来判断抑制类型。

四、溶液配制

1. 0.4 mol/L NaOH 溶液：称取 16 g NaOH 溶于适量蒸馏水中，然后稀释至 1 000 mL。

2. 3,5- 二硝基水杨酸（DNS）试剂：称取 1 g 3,5- 二硝基水杨酸，溶于 20 mL 的 1 mol/L NaOH 溶液中，加入 50 mL 蒸馏水，再加入 30 g 酒石酸钾钠，待溶解后用蒸馏水定容至 100 mL。

3. 标准葡萄糖溶液（10 mmol/L）：称取无水葡萄糖 0.18 g，溶于适量蒸馏水中，定容至 100 mL。

4. 0.5 mol/L 蔗糖溶液：称取蔗糖 1.71 g，溶于适量蒸馏水中，定容至 10 mL。

5. 4 mol/L 尿素：称取尿素 3.6 g，溶于适量蒸馏水中，定容至 10 mL。

6. 0.3 mol/L 乙酸缓冲液（pH 4.5）：称取 18 g 三水合乙酸钠，加入无水乙酸 9.8 mL，定容至 1 000 mL。

五、实验材料与耗材

1. 耗材：试管 10 mL × 20，试管架，移液器（100 μL、200 μL、1 000 μL），移液管 1 mL × 3、2 mL × 4。

2. 试剂：NaOH，3,5- 二硝基水杨酸，酒石酸钾钠，葡萄糖，蔗糖，乙酸，乙酸钠，尿素。

六、仪器与设备

水浴锅，分光光度计等。

七、注意事项

1. 鉴于实验体系总体积较小，精确掌握每一种试剂的量取至关重要，务必保证体积计量和反应时间的高精确度。

2. 为确保实验数据的精确，需要遵循顺序加入各试剂，有助于减少误差，确保实验过程的可控性。

答案提示 2-13

预习小测 2-15

八、思考与探索

1. 可逆抑制作用有几种类型，不同类型的动力学参数有什么变化？
2. 除了 Lineweaver–Burk 双倒数作图法，还有哪些作图法？

九、实验预习小测

（郑志忠）

实验 2-6　血清谷丙转氨酶活力的测定

一、目的与要求

了解血清谷丙转氨酶活性测定的临床意义；熟悉血清谷丙转氨酶活性测定的原理；掌握血清谷丙转氨酶活性测定的方法。

二、实验原理

转氨酶又叫氨基转移酶，它催化转氨基反应。转氨酶在氨基酸的分解、合成及三大物质的相互联系、相互转化上具有重要的作用。转氨基作用指的是一种氨基酸 α-氨基转移到一种 α-酮酸上的过程。转氨基作用是氨基酸脱氨基作用的一种途径。氨基酸的氨基与 α-酮酸的酮基进行交换，生成了一种非必需氨基酸和一种新的 α-酮酸，如图 1 所示。谷丙转氨酶（ALT）是人体内最重要的转氨酶之一，也是肝炎诊断和预后的指标之一。

$$\text{L-丙氨酸} + \alpha\text{-酮戊二酸} \xrightarrow[37℃、pH\ 7.4]{\text{ALT}} \alpha\text{-丙酮酸} + \text{L-谷氨酸}$$

图 1　谷丙转氨酶催化作用

ALT 作用于丙氨酸及 α-酮戊二酸，反应生成谷氨酸和丙酮酸，而丙酮酸与 2,4-二硝基苯肼定量反应生成的丙酮酸二硝基苯腙，在碱性条件下呈红色，可以用分光光度法定量检测 A_{520}。

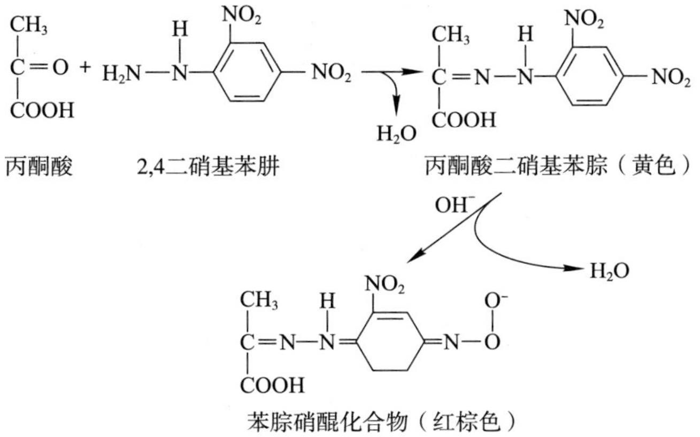

丙酮酸　　　　2,4二硝基苯肼　　　　　　　丙酮酸二硝基苯腙（黄色）

苯腙硝醌化合物（红棕色）

三、基本步骤

1. 标准曲线的绘制

按表 1 分别加入溶液，制作标准曲线。

试剂	编号					
	对照	1	2	3	4	5
丙酮酸标准液 /mL	0	0.05	0.1	0.15	0.2	0.25
ALT 底物液 /mL	0.5	0.45	0.4	0.35	0.3	0.25
pH 7.4 磷酸盐缓冲液 /mL	0.1	0.1	0.1	0.1	0.1	0.1
混匀，置 37℃水浴，保温 30 min						
2,4– 二硝基苯肼溶液 /mL	0.5	0.5	0.5	0.5	0.5	0.5
混匀，置 37℃水浴，保温 20 min						
0.4 mol/L NaOH 溶液 /mL	5	5	5	5	5	5
丙酮酸含量 /μmol	0	0.1	0.2	0.3	0.4	0.5

• 表 1　丙酮酸标准曲线的制作

混匀，静置 10 min 后，以对照组调零测 A_{520}，以各管吸光度值为纵坐标，以丙酮酸含量为横坐标绘制标准曲线。

2. 血清 ALT 的测定

按表 2 分别加入溶液，混匀，静置 10 min 后，以对照组调零测 A_{520}，并在标准曲线上查丙酮酸含量。

3. 结果处理与分析

血清谷丙转氨酶活力计算：

血清中的 ALT 与 ALT 底物液作用 30 min 每生成 2.5 μg 丙酮酸的酶量为 1 个酶活力单位（U）。据此计算 1 mL 血清中 ALT 的活力单位数。

• **表2** 血清 ALT 酶活力的测定

试剂 /mL	编号	
	对照	测试
血清	0.1	0.1
ALT 底物液	0.5	–
混匀，置37℃水浴，保温 30 min		
2,4- 二硝基苯肼溶液	0.5	0.5
ALT 底物液	–	0.5
混匀，置37℃水浴，保温 20 min		
0.4 mol/L NaOH 溶液	5	5

四、溶液配制

1. ALT 底物液［含丙氨酸（过量），α- 酮戊二酸］：称取 α- 酮戊二酸 29.2 mg，L- 丙氨酸 891 mg 溶于 80 mL 的 0.1 mol/L pH 7.4 磷酸盐缓冲液，用 1 mol/L NaOH 调节至 pH 7.4，再用 0.1 mol/L 磷酸盐缓冲液在容量瓶内加至 100 mL，混匀，置冰箱可保存数周。

2. 丙酮酸标准液（2 mmol/L）：精确称取丙酮酸钠 22.0 mg，用适量 0.1 mol/L pH 7.4 磷酸盐缓冲液溶解，转移至 100 mL 容量瓶中，用磷酸盐缓冲液定容。

3. 2,4- 二硝基苯肼溶液（1.0 mmol/L）：称取 2,4- 二硝基苯肼 19.8 mg，用 10 mol/L HCl 10 mL 溶解后，加蒸馏水至 100 mL，置棕色瓶内，冰箱保存。

4. pH 7.4 磷酸盐缓冲液（0.1 mol/L）：称取 Na_2HPO_4 11.928 g，KH_2PO_4 2.176 g，加少量蒸馏水溶解并稀释至 1 000 mL。

5. 0.4 mol/L NaOH 溶液：称取 16 g NaOH 溶于适量蒸馏水中，然后稀释至 1 000 mL。

五、实验材料与耗材

1. 材料：新鲜的动物血清。

2. 耗材：试管 10 mL×7，试管架，移液器（100 μL、200 μL、1 000 μL），移液管 2 mL×1、5 mL×1，吸头。

3. 试剂：α- 酮戊二酸，L- 丙氨酸，Na_2HPO_4，KH_2PO_4，2,4- 二硝基苯肼，HCl，丙酮酸钠，NaOH。

六、仪器与设备

水浴锅，分光光度计等。

七、注意事项

1. 常温下标本不宜久置，采血 4 h 内应进行测定。

2. α- 酮戊二酸，2,4- 二硝基苯肼是直接显色物，NaOH 的浓度与显色深浅有关，因此它们的浓度必须很准确。

3. 丙酮酸标准液的浓度要求十分精确。由于丙酮酸开封后易变质为多聚丙酮酸，而影响丙酮酸标准液的有效浓度且不易察觉。建议使用质量可靠的市售丙酮酸标准液。

4. 保温温度、作用时间、加入试剂的方式方法、速度和时间间隔都应准确掌握。

答案提示 2-14

八、思考与探索

1. 血清 ALT 活力测定时，对照管也加入了相应体积的血清，为什么这样做？

2. 血清 ALT 活性升高有何临床意义？

预习小测 2-16

九、实验预习小测

（郑志忠）

实验 2-7　过氧化物酶同工酶聚丙烯酰胺凝胶电泳分析

一、目的与要求

掌握聚丙烯酰胺凝胶垂直板电泳的原理和操作技术；学会根据酶的生物化学反应，通过染色方法显示出酶的不同区带，鉴定小麦幼苗过氧化物酶同工酶。

二、实验原理

同工酶是指催化同一种化学反应，但其酶蛋白本身的分子结构组成却有所不同的一组酶。同工酶与生物的遗传、生长发育、代谢调节及抗性等都有一定关系，测定同工酶在理论上和实践上都具有重要的意义。本实验测定的过氧化物酶是植物体内普遍存在的、活性较高的一种酶，它与植物的光合、呼吸作用以及生长素的氧化等有关；在植物生长发育过程中它的活性不断发生变化。因此，测定过氧化物酶的生物活性或其同工酶可以了解某一时期植物体内代谢的变化。

凝胶电泳兼有浓缩效应、电荷效应和分子筛效应。被分离物质由于所载电荷数量、分子大小和形状的差异，在电泳时产生不同的泳动速率而相互分离。利用过氧化物酶能催化 H_2O_2 把联苯胺氧化成蓝色或棕褐色产物的原理，将经过电泳后的凝胶置于有 H_2O_2 及联苯胺的溶液染色，出现蓝色或棕褐色部位即为过氧化物酶同工酶在凝胶中存在的位置，多条有色带即构成过氧化物酶同工酶谱。

三、基本步骤

1. 凝胶的制备

（1）将贮液由冰箱取出，于室温平衡后再配制工作液。

（2）安装玻璃板：选取洗净烘干的玻璃板垂直放入制胶玻璃架上。玻璃板底部封闭，封闭的方法根据具体条件而定。

（3）配胶：取 Acr-Bis 储备液 5.0 mL；Tris-HCl 缓冲液（pH 8.9）2.5 mL；去离子水 2.5 mL；TEMED 20～30 μL 置于小烧杯中混匀，再加入 10 mL 0.14% 过硫酸铵。

（4）灌胶：混合后的凝胶溶液，用细长头的滴管加至长、短玻璃板间的窄缝内，加胶高度距短玻璃片上缘约 0.5 cm，插入样品梳。用 1 mL 注射器在凝胶表面沿短玻璃板边缘轻轻加一层重蒸馏水（3～4 mm），用于隔绝空气，使胶面平整。为防止渗漏，在上、下贮槽中加入略低于胶面的蒸馏水。经 30～60 min 凝胶完全聚合，则可看到水与凝固的胶面有折射率不同的界限。用滤纸吸去多余的水，但不要碰破胶面。

2. 样品的制备

称取小麦幼苗茎部 1.0 g，放入研钵内，加 pH 8.0 提取液 1 mL，于冰水浴中研成匀浆，然后以 2 mL 提取液分几次洗入离心管，在高速冷冻离心机上以 8 000 r/min 离心 10 min，倒出上清液，以等量 400 g/L 蔗糖及 1 滴溴酚蓝混合，留作点样用。

3. 装槽、点样

（1）装槽：把凝胶板旁边的密封胶条除去，请勿将凝胶板拉坏或产生气泡，短玻璃板朝里面。将稀释 10 倍的电泳缓冲液约 500 mL 放入内、外槽，内槽的电泳缓冲液没过短玻璃板。

（2）点样：用微量注射器按顺序从凝胶板顶部加样，每个凝胶孔加 15～20 μL 样品。加样时，微量注射器的针头伸入凝胶孔的内部，但针头不要碰到胶面，缓缓加入，因样品相对密度较大，因此样品液自动沉降在胶面上平铺成一层。

（3）电泳：按正、负极接通电源，打开电泳仪（仔细观察正、负极的变化）。样品进胶前电流控制在 15～20 mA，15～20 min；样品进入凝胶以后，再将电流调至 20～30 mA，保持电流强度不变。待指示染料迁移至下沿约 0.5 cm 处停止电泳，需 40 min。

（4）剥胶：用手术刀将短玻璃板撬开，并切下一角作标记，放入培养皿。

（5）固定：加入 pH 4.7 的乙酸缓冲液浸泡 10 min。

（6）染色及脱色：倒去乙酸缓冲液，加染色液淹没整个胶片，于室温下显色 5 min，即得到过氧化物酶同工酶的蓝色或红褐色酶谱。倒掉染色液，重新加入 7% 的乙酸溶液，于日光灯下观察记录酶谱，绘图或照相。

（7）用尺子测量各酶带和溴酚蓝的迁移距离，计算各同工酶的迁移率。

四、溶液配制

1. Tris-HCl 缓冲液（pH 8.9）：取 1 mol/L 盐酸 48 mL，Tris 36.6 g，用去离子水溶

解后定容至 100 mL。

2. 10×Tris–甘氨酸电泳缓冲液（pH 8.3）：称取 Tris 6 g，甘氨酸 28.8 g，用去离子水溶解后定容至 1 L。用时稀释 10 倍。

3. 30% Acr–Bis 贮存液：28.0 g Acr，0.735 g Bis，用去离子水溶解后定容至 100 mL，过滤去除不溶物后置棕色瓶贮于冰箱。

4. 0.14% 过硫酸铵：0.14 g 过硫酸铵，溶于 100 mL 去离子水中（当天配制）。

5. 400 g/L 蔗糖溶液：蔗糖 40 g，溶于 100 mL 去离子水中。

6. 0.5% 溴酚蓝溶液：0.5 g 溴酚蓝，溶于 100 mL 去离子水中。

7. 染色液：1.0 g 联苯胺加 9 mL 无水乙酸溶解，再加 36 mL 水。用前加 160 mL 水，加维生素 C 140.8 mg，再加几滴 30% 过氧化氢。

8. pH 8.0 样品提取液：Tris 12.1 g，加适量去离子水溶解，并用 HCl 调节 pH 至 8.0，定容至 1 000 mL。

9. pH 4.7 的乙酸缓冲液：乙酸钠 70.52 g，溶于 500 mL 蒸馏水中，加 36 mL 无水乙酸，蒸馏水定容至 1 000 mL。

五、实验材料与耗材

1. 材料：小麦幼苗。

2. 耗材：量筒，烧杯，注射器，注射针头，玻璃板 2 块，样品瓶，染色槽，移液管，离心管，试管架，玻璃棒等。

3. 试剂：盐酸，Tris，甘氨酸，丙烯酰胺，N,N–亚甲叉双丙烯酰胺，过硫酸铵，TEMED，蔗糖，溴酚蓝，联苯胺，无水乙酸，维生素 C，过氧化氢，乙酸，乙酸钠。

六、仪器与设备

稳压电源，圆盘电泳槽，高速冷冻离心机等。

七、注意事项

1. 配好的贮液用棕色瓶盛装冰箱内保存，可放 1~2 个月（使用前真空泵抽气 10 min）。

2. 过硫酸铵溶液应当天配制。

3. 如有不溶物要先过滤。

4. 染色液用前再混合。

5. 电泳缓冲液用时稀释 10 倍。

ⓔ 答案提示 2-15

八、思考与探索

1. 根据实验过程的体会，总结如何应用聚丙烯酰胺垂直板电泳进行同工酶分析。

2. 你所分析的植物幼苗过氧化物酶同工酶有几条带？

ⓔ 预习小测 2-17

九、实验预习小测

（赖晓芳）

>>> 模块三　糖类的提取与测定

实验 3-1　糖的呈色反应和鉴定

一、目的与要求

学习鉴定糖类及区分酮糖和醛糖的方法，并进一步了解鉴定还原糖的方法及其原理。

二、实验原理

Molisch 反应（α- 萘酚反应）实验原理：糖在浓硫酸或浓盐酸的作用下脱水形成糠醛及其衍生物，其与 α- 萘酚作用形成紫红色复合物，在糖液和浓硫酸的液面间形成紫环，因此又称紫环反应。自由存在和结合存在的糖均呈阳性反应。此外，各种糠醛衍生物、葡萄糖醛酸以及丙酮、甲酸和乳酸均呈颜色近似的阳性反应。因此，阴性反应证明没有糖类物质的存在，而阳性反应则说明有糖存在的可能性，需要进一步通过其他糖的定性实验才能确定有糖的存在。

班氏试剂反应原理：与斐林试剂略有差别。利用斐林试剂鉴定时，斐林试剂甲和斐林试剂乙直接反应生成酒石酸络铜离子，后与可溶性还原糖在加热条件下反应产生砖红色沉淀。但因其甲液和乙液混合后会因酒石酸有一定的还原性而自发地缓慢产生氧化亚铜沉淀，需现用现配。而班氏试剂则是以柠檬酸钠作为络合剂，由 Na_2CO_3 提供碱性条件，$CuSO_4$ 与柠檬酸钠溶液和 Na_2CO_3 溶液混合时生成柠檬酸络铜离子，柠檬酸络铜离子与葡萄糖中的醛基反应生成砖红色沉淀。柠檬酸钠比较稳定，碱性不强，不易还原铜离子产生氧化亚铜沉淀，因此该试剂可长期保存。两种方法都是二价铜与醛基在沸水浴加热条件下反应而生成砖红色的沉淀，两者反应现象一样。

三、基本步骤

1. Molisch 反应（α- 萘酚反应）

（1）取试管，编号，分别加入各待测糖溶液 1 mL，然后加入 2 滴 Molisch 试剂，摇匀。

（2）倾斜试管，沿管壁小心加入 1 mL 浓硫酸，切勿摇动，小心竖直后仔细观察两层液面交界处的颜色变化。

（3）用水代替糖溶液，重复一遍，观察结果。

2. 班氏实验

（1）取试管，编号，分别加入 2 mL 班氏试剂和 4 滴待测糖溶液。

（2）于沸水浴中加热 5 min，取出后冷却，观察各管中的颜色变化。

四、溶液配制

1. Molish 试剂：取 5 g α- 萘酚用 95% 乙醇溶解至 100 mL，临用前配制，使用棕色试剂瓶。

2. 班氏试剂：将 170 g 柠檬酸钠和 100 g 无水碳酸钠溶于 800 mL 水中，另将 17 g 硫酸铜溶解于 100 mL 热水中，将硫酸铜溶液缓慢倾倒入柠檬酸钠 – 碳酸钠溶液中，一边加入一边缓慢搅拌，最终定容至 1 000 mL。

3. 10 g/L 葡萄糖溶液：1 g 葡萄糖，加水溶解后，定容至 100 mL。

4. 10 g/L 淀粉溶液：1 g 淀粉，加水溶解后，定容至 100 mL。

5. 10 g/L 蔗糖溶液：1 g 蔗糖，加水溶解后，定容至 100 mL。

五、实验材料与耗材

1. 耗材：试管 ×6，滴定管，容量瓶 100 mL×4、1 000 mL×1，烧杯 100 mL×5、1 000 mL×1，移液管 1 mL×1、2 mL×1，吸头。

2. 试剂：葡萄糖，淀粉，蔗糖，α- 萘酚，乙醇，柠檬酸钠，无水碳酸钠，硫酸铜。

六、仪器与设备

分光光度计，移液器等。

ℯ 答案提示 2-16

七、思考与探索

1. 两种不同糖的显色实验中，原理上的差别是什么？

2. 在大规模的工业生产中，是否有更好的办法鉴定糖的存在和含量？

ℯ 预习小测 2-18

八、实验预习小测

（贾玉龙　母应春）

实验 3-2　3,5- 二硝基水杨酸法测定还原糖含量

一、目的与要求

掌握 3,5- 二硝基水杨酸（DNS）比色法测定还原糖和总糖的原理与方法，了解多糖的水解及还原糖和总糖的提取方法；掌握紫外可见分光光度计的结构、工作原理和使用方法，以及标准曲线的绘制方法。

二、实验原理

常见的单糖都是还原糖，均可以利用其还原性进行定量，但是双糖和多糖等则不一定是还原糖，利用糖的溶解度不同可以把还原糖和非还原糖分离，然后利用多糖的酸水解，使之转化为有还原性的单糖，从而可以使多糖也能利用还原性进行定量。3,5- 二硝基水杨酸和还原糖共热后，被还原成棕色的化合物，颜色的深浅在一定范围内和还原糖的含量成线性关系，在 540 nm 处进行比色测定，求出还原糖的量，进而得出总糖的含量。

$$还原糖（\%）= \frac{还原糖（mg）\times 样品稀释倍数}{样品质量} \times 100$$

$$总糖（\%）= \frac{水解后还原糖（mg）\times 样品稀释倍数}{样品质量} \times 100\% \times 0.9$$

三、基本步骤

1. 葡萄糖标准曲线的制作

参照"实验 2-4 酵母蔗糖酶的提取及性质鉴定"步骤 1，取 7 只试管制作葡萄糖标准曲线。

2. 马铃薯中还原糖和总糖的提取

（1）还原糖的提取：取 5 g 马铃薯，研碎，加水 25 ~ 30 mL 置于 50 mL 三角瓶中，将三角瓶置于 50℃水浴保温 20 min 后，定容至 50 mL，过滤，滤液备用。

（2）总糖的水解和提取：取 1 g 马铃薯，研碎，转移至 150 mL 锥形瓶中，加入 6 mol/L HCl 10 mL，蒸馏水 15 mL，沸水浴 3 min，冷却后用 6 mol/L NaOH 中和至 pH 7，定容到 50 mL，过滤，取滤液 1 mL，加蒸馏水 9 mL 稀释，备用。

3. 马铃薯中还原糖和总糖含量的测定

取试管 6 只，编号为 8 ~ 13。按照表 1 配方加样，参比液跟上面测标准曲线时所用的一样，测定吸光度值 A_{540}。

管号	样品提取液 /mL	DNS 试剂 /mL	反应	蒸馏水 /mL	A_{540}
8		0.5	0.5		4	
9	还原糖 提取液	0.5	0.5		4	
10		0.5	0.5	沸水加热 5 min 后 冷却	4	
11		0.5	0.5		4	
12	总糖 水解液	0.5	0.5		4	
13		0.5	0.5		4	

· 表 1 各样品中添加各溶液的用量

四、溶液配制

1. 3,5- 二硝基水杨酸（DNS）试剂：6.3 g DNS 和 262 mL 2 mol/L NaOH 加到 500 mL 含有 182 g 酒石酸钾钠的热水溶液中，再加 5 g 重蒸酚和 5 g 亚硫酸钠，搅拌溶解。冷却后加蒸馏水定容至 1 000 mL，贮存于棕色瓶中。

2. 标准葡萄糖溶液：准确称取干燥恒重的葡萄糖 1 g，加少量水溶解后加 8 mL 12 mol/L 盐酸（防止微生物生长），用蒸馏水定容至 1 000 mL，即成 1 000 μg/mL 标准葡萄糖溶液。用该溶液和蒸馏水分别以 1:9、1:4、2:3、3:2、4:1 比例稀释，得到下列浓度的标准葡萄糖：100 μg/mL、200 μg/mL、400 μg/mL、600 μg/mL、800 μg/mL，备用。

3. 6 mol/L HCl 溶液：取浓盐酸（12 mol/L）50 mL，用蒸馏水稀释定容至 100 mL。

4. 6 mol/L NaOH 溶液：称取 24 g NaOH，加适量蒸馏水溶解，然后定容至 100 mL。

五、实验材料与耗材

1. 材料：马铃薯。

2. 耗材：试管 25 mL×13，移液管 0.5 mL×4、1 mL×2、5 mL×2，容量瓶 50 mL×2、100 mL×2、1 000 mL×2，量筒 20 mL×1、50 mL×3，锥形瓶 150 mL×2，研钵，比色皿，纱布，漏斗，烧杯 100 mL×2、1 000 mL×2，pH 试纸，滤纸，橡皮筋，水果刀。

3. 试剂：DNS，葡萄糖，盐酸，NaOH。

六、仪器与设备

电子天平，恒温水浴锅，紫外可见分光光度计等。

七、注意事项

1. 标准曲线绘制与样品含糖量测定应同时显色，并使用同一参比液进行调零和比色。

2. 水浴锅温度变化不超过 ±0.5℃。

3. 试管、烧杯和三角瓶事先要洗净烘干，试管提前编号。

4. 分光光度计要预热 30 min，比色皿要用擦镜纸擦干，不能用手触碰光滑面。

5. 用分光光度计进行比色时，每次应用蒸馏水清洗比色皿 2 遍，再用待测液进行润洗后测定。

ⓔ 答案提示 2-17

ⓔ 预习小测 2-19

八、思考与探索

1. 比色测定操作要点及其基本原理是什么？

2. 比色测定为什么要设计空白管？

3. 总糖包含哪些化合物？

4. 用水解后的还原糖含量计算总糖含量时为什么要乘以 0.9？

九、实验预习小测

（邓加聪　郑　虹）

ⓔ 教学视频 2-6
植物组织中可溶性糖的薄层层析分离与鉴定

实验 3-3　植物组织中可溶性糖的薄层层析分离与鉴定

一、目的与要求

学习提取植物材料中可溶性糖的一般方法；掌握吸附薄层层析的原理、操作及其在糖类鉴定中的作用。

二、实验原理

薄层层析（thin layer chromatography，TLC）是一种快速而微量的层析方法，它是将一种固定支持物均匀地涂在薄板上，对物质进行层析的方法，本实验只讨论吸附薄层层析，即所有支持物是吸附剂（如硅胶粉），层析时主要是根据吸附剂对样品中各组分的吸附能力不同，因此各组分的移动速度不同，从而达到分离混合物的目的。

硅胶 G 是一种添加了黏合剂的硅胶粉，含 12% ~ 13% 的石膏（$CaSO_4$），它可以把一些物质从溶液中吸附于自身表面。利用它对各种物质吸附能力的不同，再用适当的溶剂系统展层，使不同的物质得以分离。

糖为多羟基化合物，具有较强的极性，在硅胶 G 薄板上展层时，硅胶分子与糖的吸附能力大小取决于糖的分子量和羟基数目，不同的糖分子由于分子量及羟基数的不同，因而它与硅胶分子间的吸附力不同。造成各种糖分子在展层过程中移动的距离不同，从而将各种糖分离出来，吸附力的大小一般为：三糖 > 双糖 > 己糖 > 戊糖。

三、基本步骤

1. 硅胶板活化：将硅胶板置于 120℃ 烘箱中，烘干 30 min。

2. 水果中可溶性糖提取液的制备：取洗净的苹果（或其他水果）削去果皮，称3 g果肉在研钵中研成匀浆后，倒在双层洗净的纱布上。置于漏斗，用干净玻璃棒将果汁压出。取果汁 1 mL 于离心管中，加无水乙醇 3 mL，充分混匀后，在 8 000 r/min 下离心 10 min，上清液即为可溶性糖提取液。

3. 提取液中可溶性糖的分离鉴定：取活化后的硅胶 G 板一块，距底边 1.5 cm 水平线上均匀定 5 个点（最外侧两个点不要离硅胶板边缘太近，各样点间距至少要大于 1 cm）（图 1），其中 4 个点，分别点上各种糖标准溶液数滴，另一点点上苹果提取液数滴。在用毛细管点样时，毛细管应垂直于硅胶 G 板的方向点样，而且毛细管接触 G 板的时间应尽量短，不然样点直径难以控制，点样量 20 ~ 30 μL，分次点加，使点扩散后的直径不超过 2 ~ 3 mm。

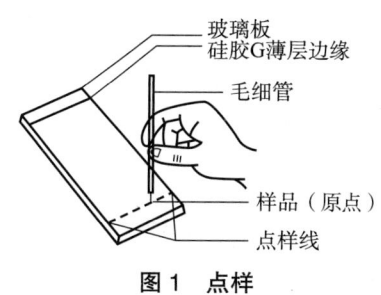

玻璃板
硅胶G薄层边缘
毛细管
样品（原点）
点样线

图 1　点样

4. 展层：在层析缸中加入新配制的展开剂，将点样后的薄层板置于密闭的层析缸中，采用上行法展层，至展开剂距薄层板的上端约 1 cm 时取出，尽快在板上标注展开剂前沿位置。用吹风机吹干。

5. 显色：把薄层板放在通风橱内，采用显色剂喷雾法显色，然后于 85 ℃烘箱中烘 10 ~ 30 min，各种糖即显示出不同色斑（表 1），与标准糖比较，根据斑点颜色及 R_f 值即可鉴定出苹果提取液中所存在的可溶性糖的种类。

6. 结果计算：精确量出原点至溶剂前沿，以及各斑点中心的距离，计算出它们的 R_f 值。根据标准糖的颜色和 R_f 值，鉴定出样品中糖的种类，并绘出层析图谱。

单糖	颜色
葡萄糖	蓝紫
半乳糖	蓝紫
果糖	橙红
木糖	蓝绿
鼠李糖	绿

• **表 1　显色剂处理后不同单糖显现的颜色**

$$R_f = \frac{\text{点样点到显色斑点中心距离}}{\text{点样点到溶剂前沿线距离}}$$

四、溶液配制

1. 展开剂：氯仿∶无水乙酸∶水体积比为 30∶35∶5，即氯仿 15 mL，无水乙酸 17.5 mL，水 2.5 mL，混匀后使用。

2. 1% 标准糖溶液（10 mg/mL）：木糖，葡萄糖，果糖，蔗糖，或其他糖。

3. 显色剂：按顺序依次加入 100 mL 丙酮，2 mL 苯胺，2 g 二苯胺，1 mL 浓盐酸，10 mL 85% 磷酸，溶解后混匀。

五、实验材料与耗材

1. 材料：苹果或其他植物材料。

2. 耗材：15 mL 离心管，研钵，量筒 10 mL×1，移液管 1 mL×2、2 mL×1、5 mL×1、10 mL×1，烧杯 50 mL×1，毛细管，纱布，漏斗，层析缸，喷雾器，铅笔，尺子，硅胶 GF_{254} 薄层层析板。

3. 试剂：氯仿、无水乙酸、各种糖标准品、丙酮、二苯胺、苯胺、浓盐酸、磷酸、乙醇。

六、仪器与设备

电子天平，烘箱，离心机，吹风机等。

七、注意事项

1. 点样时，要注意样点不能太大，操作时，应待第一次点样风干后，再在原样点上继续点样，为少量多次点样。

2. 每个样点不宜距离太近，样点不宜靠近硅胶板边缘，注意边缘效应。

3. 点样要轻，不可刺破薄层。

4. 放置硅胶板时，不能触碰层析缸的内壁，展开剂液面不能高于样品点。

5. 显色剂宜在使用前配制。

6. 在用多元系统进行展层时，其中极性较弱的和沸点较低的溶剂（例如氯仿 – 甲醇系统中的氯仿）在薄层板的两边易挥发，因此，它们在薄层两边的浓度比在中部的浓度小，也就是说在薄层的两边比中部含有更多的极性较大或沸点较高的溶剂，于是位于薄层两边的 R_f 值要比中间的高，即所谓"边缘效应"。为减轻或消除边缘效应，可先将展开剂倒入层析缸中，使层析缸内溶剂蒸气的饱和程度增加。

ⓔ 答案提示 2-18

八、思考与探索

1. 如何利用 R_f 值来鉴定化合物？

2. 如果想利用薄层层析法来进行某种糖纯品的定量分析，应如何操作？

3. 硅胶板为什么需要烘干活化？

ⓔ 预习小测 2-20

九、实验预习小测

（谢　苗）

实验 3-4　蒽酮比色法测定植物组织中可溶性糖含量

一、目的与要求

熟悉植物可溶性糖的提取方法；掌握蒽酮比色法测定可溶性糖含量的原理和方法。

二、实验原理

蒽酮比色法是一个快速而简便的定量糖分析技术。在该法中，糖类化合物如己糖、戊醛糖以及己糖醛酸，在强酸介质下会发生脱水反应，生成糠醛。随后，与蒽酮脱水缩合，转化为一种具有特征蓝绿色的糠醛衍生物，该物质在 620 nm 处有最大光吸收。在 10～100 μg 范围内，其颜色的深浅与溶液中可溶性糖含量成正比即颜色越深，糖含量越高。当存在含有较多色氨酸的蛋白质时，反应不稳定，呈现红色。而对于上述特定的糖类物质，反应较稳定。

本实验利用蒽酮比色法测定植物组织中可溶性糖含量。该法灵敏度高，测定量少，快速方便，糖含量在 30 μg 左右时就能进行测定。

三、基本步骤

1. 葡萄糖标准曲线的制作

取 7 只试管，按表 1 配制一系列不同浓度的葡萄糖溶液。

试剂	1	2	3	4	5	6	7
葡萄糖标准溶液 /mL	0	0.1	0.2	0.4	0.6	0.8	1.0
蒸馏水 /mL	1.0	0.9	0.8	0.6	0.4	0.2	0
葡萄糖含量 /μg	0	10	20	30	40	50	60

· 表 1 葡萄糖标准溶液配制

在每只试管中，加入蒽酮试剂 4.0 mL，迅速浸入冰水中冷却。各试管都加完后，同时浸入沸水浴中。10 min 后将试管取出，迅速用流水冷却，室温放置 10 min，在分光光度计中测得 A_{620}。以葡萄糖含量（μg）做横坐标，A_{620} 作纵坐标，得出标准曲线。

2. 植物样品中可溶性糖的提取

（1）将新鲜植物叶片剪碎至 2 mm 以下，称取约 2 g，放入研钵中，加入少许蒸馏水，将其研磨成匀浆。

（2）将研磨匀浆液倒入烧杯中，用 30～40 mL 蒸馏水洗涤研钵，并将洗液合并至烧杯中，并在 70 ℃ 水浴中加热 30 min，冷却后，逐滴加入饱和中性醋酸铅溶液去除蛋白质，直至无白色醋酸铅沉淀产生。随后将混合物及残渣全部转移至 100 mL 容量瓶，加水定容。

（3）使用干燥漏斗过滤溶液至干燥三角烧瓶，烧瓶中预置 0.2～0.4 g 草酸钠用于吸附过量醋酸铅，并形成草酸铅沉淀。过滤后得到清澈的滤液，即为提取得到的可溶性糖溶液。

3. 测定

吸取可溶性糖提取液各 1 mL（做平行样 3 份）于试管中，加入 4.0 mL 蒽酮试剂，以下操作同标准曲线制作。在分光光度计中测 A_{620}，在标准曲线上查出葡萄糖的含量（μg）。

4. 结果处理与分析

$$植物样品含糖量（\%）= \frac{查标准曲线所得含糖量（\mu g）\times 稀释倍数}{样品质量（g）\times 10^6} \times 100$$

式中，稀释倍数—本实验为 100 倍。

四、溶液配制

1. 葡萄糖标准溶液（100 μg/mL）：称取 10 mg 葡萄糖，定容至 100 mL。

2. 蒽酮试剂：0.2 g 蒽酮，溶于 100 mL 浓硫酸中，现配现用。

3. 饱和中性醋酸铅：将醋酸铅粉末逐渐加入蒸馏水中，同时搅拌溶解，直到醋酸铅粉末不再溶解为止。最后通过滴加 0.1 mol/L NaOH 溶液，缓慢调节 pH 至中性（pH 7）。

五、实验材料与耗材

1. 材料：植物的幼嫩组织。

2. 耗材：漏斗，漏斗架，容量瓶 50 mL×1、100 mL×3，三角瓶 50 mL×2，量筒 10 mL×1、25 mL×1，移液管 1 mL×2、5 mL×2，刻度具塞试管 10 mL×13，试管架，研钵。

3. 试剂：浓硫酸，葡萄糖，蒽酮，醋酸铅，草酸钠。

六、仪器与设备

分光光度计，电子天平，水浴锅等。

七、注意事项

1. 该显色反应非常灵敏，溶液切勿混入纸屑及尘埃。

2. 不同糖类与蒽酮的显色有异，稳定性也不同。加热比色时间应严格掌握。

3. 醋酸铅和蒽酮具有毒性，使用时注意戴手套和口罩，避免吸入和接触皮肤。

4. 加浓硫酸时应缓慢加入，以免产生大量热量而爆沸，如灼伤皮肤，应迅速用自来水冲洗。

答案提示 2-19

八、思考与探索

1. 为什么要选用植物的幼嫩组织，选用成熟组织有什么影响？

2. 应用蒽酮比色法测得的糖包括哪些类型？

预习小测 2-21

九、实验预习小测

（郑志忠）

⒠ 教学视频 2-7
菌类多糖的分离提
取与含量测定

实验 3-5　菌类多糖的分离提取与含量测定

一、目的与要求

学习多糖的提取与纯化方法；掌握苯酚 – 硫酸法测定多糖含量的原理与方法。

二、实验原理

真菌多糖是从真菌中分离出的由十几个以上的单糖以糖苷键连接而成的高分子多聚化合物，具有复杂的生物活性和功能。其中，最主要的功能就是免疫调节活性，通过对淋巴细胞、巨噬细胞、网状内皮系统、白细胞以及 DNA、RNA、蛋白质的合成、抗体的生成等的作用而调节机体的免疫功能。

由于多糖含有大量羟基，在水溶液中溶解度较好，而在有机溶剂（如甲醇、乙醇、丙酮等）中溶解度较小。根据这个特点，在多糖提取实验中，通常经热水浸提和浓缩后加入等体积或数倍体积的高浓度乙醇进行沉淀的方法来提取菌类的粗多糖。

利用热水浸提法进行提取的同时，一些水溶性蛋白质也混合在粗多糖产品中，所以蛋白质的去除是多糖纯化的重要组成部分。多糖溶液中加入 Sevag 试剂（氯仿与正丁醇的体积比为 4∶1），利用蛋白质在氯仿等有机溶剂中容易变性的特点，用离心法除去变性层，从而使蛋白质与多糖溶液分离，获得脱蛋白的多糖溶液用于含量测定。

苯酚 – 硫酸法测定多糖含量，其原理是利用多糖在浓硫酸作用下先水解成单糖并迅速脱水生成糠醛衍生物，然后与苯酚生成橙黄色化合物，在 10 ~ 100 mg 范围内其颜色深浅与多糖的含量成正比，在 490 nm 波长下有最大吸光度值。

三、基本步骤

1. 菌类多糖的分离提取

（1）提取：准确称取粉碎后的菌类样品 1 g 放入 50 mL 烧杯中，按 1∶30 的料液比，加入 30 mL 蒸馏水，搅拌均匀之后在 90℃水浴 1 h（或利用超声波细胞破碎仪破碎 30 min），提取多糖，4 层纱布过滤收集滤液。

（2）浓缩：将上述滤液转入圆底烧瓶中用旋转蒸发仪在 60℃浓缩至原体积 1/4。

（3）脱蛋白：将多糖浓缩液与 Sevag 试剂等体积进行混合，不断搅拌（或振荡）30 min 后，转入离心管中，6 000 r/min 下离心 20 min。离心后混合液分 3 层，收集上层多糖溶液（水相），去除中间层变性蛋白质和下层有机溶剂。

（4）醇沉：向多糖提取液中缓慢加入 5 倍体积 95% 乙醇溶液（注意：确保乙醇含量达到 80%），混匀后于 4℃冰箱放置 20 min，取出混合液于 6 000 r/min 离心 20 min，弃上清液，收集沉淀。沉淀用少量无水乙醇洗涤，于 6 000 r/min 离心，收集沉淀；沉淀再用少量乙醚洗涤，于 6 000 r/min 离心 5 min，收集沉淀。

（5）干燥：将沉淀物放置于 80℃烘箱进行干燥，并精确称量干燥后沉淀物的质量，该所得物即为菌类的粗多糖，备用。

2. 菌类多糖含量测定

（1）葡萄糖标准曲线的制备：取 7 只 25 mL 具塞刻度试管，编号，按表 1 操作。分别加入不同体积的葡萄糖标准溶液，并以纯水补至 2 mL 然后加入 50 g/L 苯酚 1 mL 及浓硫酸 5 mL，混匀后放置 20 min。以 0 号管为空白对照，于 490 nm 波长下，分别测各管中的吸光度值。以吸光度值 A_{490} 为纵坐标，以葡萄糖浓度 C 为横坐标，绘制标准曲线，得出回归方程。

· **表 1** 制作标准曲线

管号	0	1	2	3	4	5	6	7
葡萄糖标准溶液 /mL	0	0.2	0.4	0.6	0.8	1.0	–	–
菌类多糖待测液 /mL							1.0	2.0
蒸馏水 /mL	2.0	1.8	1.6	1.4	1.2	1.0	1.0	0
50 g/L 苯酚 /mL	1	1	1	1	1	1	1	1
浓硫酸 /mL	5	5	5	5	5	5	5	5
相当于葡萄糖的质量 /μg	0	20	40	60	80	100		

（2）菌类粗多糖待测液的配制：准确称取 2 mg 干燥的菌类多糖，加入纯水溶解后转入 100 mL 容量瓶中定容，即为待测菌类多糖。按照表 1 中 6 号和 7 号管加入各试剂，混匀后放置 20 min。于 490 nm 分别测定其吸光度值，根据标准曲线中的回归方程计算其糖浓度。

3. 多糖得率的计算

菌类多糖得率的计算公式如下：

$$W(\%) = \frac{M_1}{M_2} \times \frac{C \times V}{M_3} \times 100$$

式中，W— 菌类多糖得率（%）；

C—从回归曲线中计算得出的糖含量（mg/mL）；

V—定容终体积（mL）；

M_1—菌类粗多糖质量（mg）；

M_2—菌类原料质量（mg）；

M_3—配制菌类粗多糖溶液时称取的质量（mg）。

四、溶液配制

1. 50 g/L 苯酚溶液：称取 0.5 g，在 60℃水浴中溶解苯酚晶体，加蒸馏水定容至 10 mL，混合均匀，备用（现配现用）。

2. 葡萄糖标准溶液（100 μg/mL）：准确称取干燥分析纯葡萄糖 0.50 g，置小烧杯中，加少时蒸馏水溶解后，转移至 100 mL 容量瓶中定容，充分摇匀，取出 1 mL 溶液于 50 mL 容量瓶中定容，摇匀，即为 100 μg/mL 葡萄糖标准溶液，摇匀备用。

3. Sevag 试剂：用氯仿与正丁醇按体积比为 4∶1 配制。

五、实验材料与耗材

1. 材料：食用菌（如香菇、木耳等）干品或鲜品。

2. 耗材：50 mL 量筒 ×1，烧杯 50 mL×3、250 mL×1，25 mL 具塞试管 ×8，移液管 1 mL×2、2 mL×3、5 mL×2，容量瓶 100 mL×2、50 mL×1，玻璃棒，50 mL 离心管，漏斗，试管架，医用纱布。

3. 试剂：氯仿，正丁醇，95% 乙醇，无水乙醇，乙醚，浓硫酸，蔗糖，苯酚。

六、仪器与设备

分光光度计，电热恒温水浴锅，电子天平，组织粉碎机，旋转蒸发仪，水循环真空泵，电热鼓风干燥箱，离心机等。

七、注意事项

1. 浓硫酸应缓慢加入，注意安全，避免强酸对仪器的损害。

2. 苯酚 – 硫酸法测定多糖含量是以硫酸水解和脱水为基础，要保证反应液中硫酸的浓度。

3. 对杂多糖，分析结果可根据各单糖的组成比及主要组分单糖的标准曲线的校正系数加以校正计算。

4. 在应用苯酚 – 比色法测定多糖含量的过程中，应注意苯酚与浓硫酸的比例为 1∶5，才能达到显色效果。

5. 测定时根据吸光度值确定取样的量。吸光度值最好在 0.1 ~ 0.3 之间。

e 答案提示 2-20

八、思考与探索

1. 多糖提取的方法有哪些，各有何优缺点？
2. 检测多糖纯度的方法有哪些？

e 预习小测 2-22

九、实验预习小测

（陈观水）

≫ 模块四 脂质及维生素的提取与测定

实验 4-1 粗脂肪的提取和含量的测定——索氏提取法

一、目的与要求

掌握粗脂肪提取的原理和测定方法；掌握索氏提取法的基本操作要点和影响因素。

二、实验原理

粗脂肪一般指动、植物组织中脂溶性物质的总称，主要以脂肪为主，还有游离脂肪酸、磷酸、固醇、芳香油及某些色素等。本实验在索氏提取器中利用脂溶性有机溶剂对样品进行反复萃取，将粗脂肪提取出来，再通过加热蒸发除去溶剂，样品失去的质量即为粗脂肪的质量。

索氏提取器为一回流装置，如图1所示，由冷凝管、提取管等连接而成。提取管两侧分别有蒸馏管和虹吸管，盛有样品的滤纸筒放在提取管中，溶剂盛于提取瓶中，加热后，溶剂蒸气经蒸馏管至冷凝管，冷凝后的溶剂滴入提取管，浸提样品，提取管内溶剂液面达到一定高度，溶剂及溶于溶剂中的粗脂肪即经虹吸管流入提取瓶，流入提取瓶的溶剂继续受热而气化，气体经蒸馏管至冷凝管，又冷凝滴入提取管内，如此反复提取回流，可将样品中的粗脂肪提取并带到提取瓶中。最后将滤纸筒中的溶剂蒸去，烘干，滤纸筒减少的质量即为样品中的粗脂肪含量。

本实验采用索氏提取法中的残余法，通常使用低沸点有机溶剂（如沸点为 30 ~ 60℃的石油醚）回流抽提。该法不能直接提取出样品中结合状态的脂质（脂蛋白），所以又称为游离脂质定量测定法。

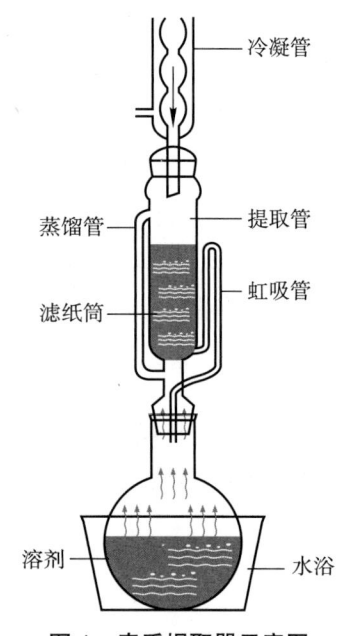

图 1 索氏提取器示意图

冷凝管
提取管
蒸馏管
虹吸管
滤纸筒
溶剂
水浴

三、基本步骤

1. 样品的准备

将滤纸裁成 8 cm × 8 cm，叠成一边不封口的滤纸筒，放置在 80℃烘箱中烘干至恒重，称重记作 m_0。

将花生在 80℃烘箱内烘干去水分 30 min，冷却后放入研钵中研碎，称取一定质量（3 g 左右）倒入滤纸筒中，并称重记作 m_1，最后放入索氏提取器管内。

2. 加热提取

将索氏提取器按图 1 安装后，打开冷凝水，调节水浴温度至 60～70 ℃，使冷凝下滴的石油醚成连珠状（120～150 滴 /min）。抽提 1 h 后，用滤纸粗略判断脂肪是否提取完全（从提取管内吸取少量石油醚滴在干净的滤纸上，待石油醚干后，滤纸上不留有油脂的斑点则表示已经提取完全）。

3. 称量计算

粗脂肪提取完全后，将提取管中的石油醚全部蒸干，烘干至恒重，并称重记作 m_2，再按下式计算出样品的粗脂肪含量。

$$粗脂肪含量（\%）= \frac{m_1 - m_0}{m_2 - m_1} \times 100$$

式中，m_0—滤纸筒质量（g）。

　　　m_1—滤纸筒和烘干样品质量（g）。

　　　m_2—滤纸筒和抽提后烘干残渣质量（g）。

四、实验材料与耗材

1. 材料：油料作物种子，如花生等。

2. 耗材：滤纸，研钵，铁架台，烧杯 1 000 mL×2，玻璃棒。

3. 试剂：石油醚（30～60 ℃）。

五、仪器与设备

烘箱，电子天平，水浴锅，索氏提取器等。

六、注意事项

1. 测定用样品、提取器、抽提用溶剂都需要进行脱水处理。

2. 样品应干燥后研磨，研磨的粗细度要适宜，装样品的滤纸筒一定要紧密，不能往外漏样品。

3. 滤纸筒放入提取管后，其高度不能超过虹吸管，否则溶剂不易穿透样品，脂肪不能全部提出。

4. 提取时水浴温度不能过高，一般溶剂刚开始沸腾即可。

5. 石油醚为易燃品，应用电热套、水浴等加热，切忌使用明火。提取时，索氏提取器的各连接处不能涂抹凡士林或真空脂，不能漏气，同时确保冷凝管的冷凝效果，以免大量石油醚蒸气外溢。

6. 样品在烘箱内烘干时间不要过长，因为一些极不饱和脂肪酸受热容易被氧化而增加质量。

七、思考与探索

1. 本实验装置的连接处为什么不能涂抹凡士林或真空脂？

2. 为什么选择低沸点的石油醚（30~60℃），而不是水或高沸点的石油醚作为提取介质？

3. 如何确定提取是否完全？是否存在过度提取的风险？

八、实验预习小测

e 预习小测 2-23

（郑志忠）

实验 4-2 脂肪酸 β - 氧化

一、目的与要求

本实验旨在通过测定脂肪酸 β- 氧化的速率，了解脂肪酸代谢的过程，并掌握脂肪酸 β- 氧化测定的方法。

二、实验原理

在肝中，脂肪酸经 β- 氧化作用生成乙酰辅酶 A。2 分子乙酰辅酶 A 可缩合生成乙酰乙酸。乙酰乙酸可脱羧生成丙酮，也可还原生成 β- 羟丁酸。乙酰乙酸、β- 羟丁酸和丙酮总称为酮体。本实验用新鲜肝糜与丁酸保温，生成的丙酮在碱性条件下，与碘生成碘仿。反应式如下：

$$2NaOH + I_2 \longrightarrow NaOI + NaI + H_2O$$

$$CH_3COCH_3 + 3NaOI \longrightarrow CHI_3(\text{碘仿}) + CH_3COONa + 2NaOH$$

剩余的碘，可以用标准硫代硫酸钠滴定。

$$NaOI + NaI + 2HCl \longrightarrow I_2 + 2NaCl + H_2O$$

$$I_2 + 2Na_2S_2O_3 \longrightarrow Na_2S_4O_6 + 2NaI$$

根据滴定样品与滴定对照所消耗的硫代硫酸钠溶液体积之差，可以计算由丁酸氧化生成丙酮的量。

三、基本步骤

1. 肝糜的制备

称取肝组织 5 g 置于研钵中。加少量（5 mL）氯化钠溶液，研磨成细浆。再加入 5 mL 氯化钠溶液。

2. β- 氧化作用

取 2 个 50 mL 锥形瓶，分别加入 1/15 mol/L pH 7.6 磷酸盐缓冲液 3 mL，向其中一个锥形瓶中加入 2 mL 正丁酸，另一个锥形瓶作为对照，不加正丁酸，然后各加入 2 mL 肝组织糜。混匀，置于 43℃ 水浴中保温。

3. 沉淀蛋白质

保温 1.5 h 后，取出锥形瓶，各加入 150 g/L 三氯乙酸溶液 3 mL，混匀，对照品再加正丁酸 2 mL，混匀，静置 15 min 后过滤，将滤液分别收集在两只试管中。

4. 酮体的测定

吸取两种滤液各 2 mL 分别放入另两个锥形瓶中，再各加 3 mL 0.1 mol/L 碘溶液和 3 mL 0.1 g/mL 氢氧化钠溶液。摇匀后，静置 10 min。加入 10% 盐酸溶液 3 mL 中和。然后用 0.05 mol/L 标准硫代硫酸钠溶液滴定剩余的碘。滴定至浅黄色时，加入 3 滴淀粉溶液作为指示剂。摇匀，并继续滴到蓝色消失。记录滴定样品与对照所用的硫代硫酸钠溶液的体积，并按下列计算样品中的丙酮含量。

$$\text{每克肝脏的丙酮含量（mmol/g）} = \frac{(A-B) \times C}{6 \times m}$$

式中，A—滴定对照所消耗的硫代硫酸钠溶液体积（mL）；

$\quad\quad B$—滴定样品所消耗的硫代硫酸钠溶液体积（mL）；

$\quad\quad C$—硫代硫酸钠的浓度（mol/L）；

$\quad\quad m$—所滴定的样品里含肝脏的质量（g）。

四、溶液配制

1. 9 g/L 氯化钠溶液：称取 0.9 g NaCl 定容至 100 mL。

2. 1/15 mol/L pH 7.6 磷酸盐缓冲液

（1）溶液 A（1/15 mol/L NaH_2PO_4 溶液）：2 水合 NaH_2PO_4 10.4 g，用去离子水溶解定容至 1 000 mL；

（2）溶液 B（1/15 mol/L Na_2HPO_4 溶液）：12 水合 Na_2HPO_4 23.87 g，用去离子水溶解定容至 1 000 mL；

取溶液 A 132 mL 和溶液 B 868 mL 混合得到 1/15 mol/L pH7.6 磷酸盐缓冲液。

3. 0.5 mol/L 氢氧化钠：称取 2 g 氢氧化钠定容至 100 mL（用于 0.5 mol/L 丁酸配制）。

4. 0.5 mol/L 丁酸：50 mL 丁酸加入 1 000 mL 0.5 mol/L 氢氧化钠溶液中混匀。

5. 150 g/L 三氯乙酸溶液：称取 15 g 三氯乙酸定容至 100 mL。

6. 0.1 g/mL 氢氧化钠溶液：称取 10 g 氢氧化钠定容至 100 mL。

7. 0.1 mol/L 碘溶液：13 g 碘和 35 g 碘化钾溶于水中，稀释到 1 000 mL。

8. 10% 盐酸溶液：23 mL 盐酸加水定容至 100 mL。

9. 1 g/L 淀粉溶液：称取 0.25 g 淀粉，加少量蒸馏水，搅拌加热至糊状，用热蒸馏水定容至 250 mL。

10. 0.05 mol/L 硫代硫酸钠：称取 0.79 g 硫代硫酸钠定容至 100 mL。

五、实验材料与耗材

1. 材料：新鲜猪肝。

2. 耗材：研钵，漏斗，烧杯 100 mL×7、1 000 mL×5，三角瓶 50 mL×4，移液管 2 mL×4、5 mL×6、10 mL×1，容量瓶 100 mL×5、250 mL×1、1 000 mL×4，滴定管。

3. 试剂：氯化钠，磷酸二氢钠，磷酸氢二钠，NaOH，正丁酸，三氯乙酸，碘，碘化钾，盐酸，淀粉。

六、仪器与设备

电子天平，恒温水浴锅等。

七、注意事项

1. 肝糜必须新鲜，放置过久则失去氧化脂肪酸的能力。

2. 研磨猪肝时要细，要确保 10 mL 的移液管能够吸取。

3. 滴定时淀粉指示剂不能过早加入，否则会与碘产生络合物显蓝色，影响滴定颜色观察结果。

ⓔ 答案提示 2-21

八、思考与探索

1. 脂肪酸 β– 氧化的主要功能是什么？

2. 为什么要制备新鲜的肝糜？

3. 什么叫酮体？为什么正常代谢时产生的酮体量很少？

4. 在什么情况下酮体含量增高，而尿中也能出现酮体？

5. 实验步骤 3 中三氯乙酸起什么作用？

ⓔ 预习小测 2-24

九、实验预习小测

（齐　琦）

实验 4–3　脂肪碘值的测定

一、目的与要求

掌握测定脂肪碘值的原理和操作方法，了解测定脂肪碘值的意义。

二、实验原理

不饱和脂肪酸碳链上含有不饱和键，可与卤素（Cl_2、Br_2、I_2）进行加成反应。不饱和键数目越多，加成的卤素量也越多，通常以"碘值"表示。在一定条件下，每 100 g 脂肪所吸收碘的克数称为该脂肪的"碘值"。碘值越高，表明不饱和脂肪酸的含量越高，它是鉴定和鉴别油脂的一个重要常数。

　　碘与脂肪的加成反应很慢，而氯及溴与脂肪的加成反应快，但常有取代和氧化等副反应。本实验使用 IBr 进行碘值的测定，这种试剂稳定，测定的结果接近理论值。溴化碘（IBr）的一部分与油脂的不饱和脂肪酸起加成作用，剩余部分与碘化钾作用放出碘，放出的碘用硫代硫酸钠滴定。

　　反应过程如下：

　　（1）加成作用：

$$—CH\!=\!CH— + IBr \longrightarrow —CHI—CHBr—$$

　　（2）剩余溴化碘中碘的释放

$$IBr + KI \longrightarrow I_2 + KBr$$

　　（3）用硫代硫酸钠滴定释放出来的碘

$$I_2 + 2Na_2S_2O_3 \longrightarrow 2NaI + Na_2S_4O_6$$

三、基本步骤

　　1. 准确称取 0.3～0.4 g 花生油，置于干燥的碘瓶内，切勿使油粘在瓶颈或壁上。加入 10 mL 四氯化碳，轻轻摇动，使油全部溶解。用滴定管仔细地加入 25 mL 溴化碘溶液，勿使溶液接触瓶颈，塞好瓶塞，在玻璃塞与瓶口之间加数滴 100 g/L 碘化钾溶液封闭缝隙，以免碘的挥发损失。在 20～30℃暗处放置 30 min，并不时轻轻摇动。油吸收的碘量不应超过溴化碘溶液所含之碘量的一半，若瓶内混合物的颜色很浅，表示花生油用量过多，应改称较少量花生油，重做。

　　2. 放置 30 min 后，立刻小心地打开玻璃塞，使玻璃塞旁的碘化钾溶液流入瓶内，切勿丢失。用新配制的 100 g/L 碘化钾 10 mL 和蒸馏水 50 mL 把玻璃塞和瓶颈上的液体冲洗入瓶内，混合均匀。用 0.1 mol/L 硫代硫酸钠溶液迅速滴定至浅黄色。加入 10 g/L 淀粉溶液约 1 mL，继续滴定，将近终点时，用力振荡，使四氯化碳中的碘单质全部进入水溶液内。再滴定至蓝色消失为止，即达滴定终点。

　　另作一份空白对照，除不加油样品外，其余操作同上。滴定后，将废液倒入废液缸内，以便回收四氯化碳，计算碘值。

　　3. 脂肪碘值的测定

　　碘值表示 100 g 脂肪所能吸收碘的克数，因此样品碘值的计算如下：

$$碘值（\%）= \frac{(A-B)C}{样品质量（g）} \times \frac{126.9}{1\,000} \times 100$$

式中，A——滴定空白用去的硫代硫酸钠溶液体积（mL）；

　　　　B——滴定样品用去的硫代硫酸钠溶液体积（mL）；

　　　　C——硫代硫酸钠溶液摩尔浓度。

四、溶液配制

1. 溴化碘溶液（Hanus 溶液）：取 12.2 g 碘，放入 1 500 mL 试剂瓶内，缓慢加入 1 000 mL 无水乙酸，边加边摇，同时略温热，使碘溶解。冷却后，加溴约 3 mL。

注意：所用无水乙酸不应含有还原性物质。检查方法：取 2 mL 无水乙酸，加少许重铬酸钾及硫酸，若呈绿色，则证明有还原性物质存在。

2. 0.1 mol/L 标准硫代硫酸钠溶液：取结晶硫代硫酸钠 50 g，溶于经煮沸后冷却的蒸馏水（无 CO_2 存在）中。添加硼砂 7.6 g 或氢氧化钠 1.6 g（硫代硫酸钠溶液在 pH 9 ~ 10 时最稳定）。稀释到 2 000 mL 后使用。

硫代硫酸钠溶液的标定：准确量取 0.1 mol/L 碘酸钾溶液 20 mL、100 g/L 碘化钾溶液 10 mL 和 1 mol/L 硫酸 20 mL，混合均匀。以 10 g/L 淀粉溶液作指示剂，用硫代硫酸钠溶液进行标定。按下面所列反应式计算硫代硫酸钠溶液浓度后，用水稀释至 0.1 mol/L。

$$5KI + KIO_3 + 3H_2SO_4 \longrightarrow 3K_2SO_4 + 3H_2O + 3I_2$$

$$2Na_2S_2O_3 + I_2 \longrightarrow Na_2S_4O_6 + 2NaI$$

$$C_{Na_2S_2O_3} = C_{KIO_3} \cdot V_{KIO_3}/V_{Na_2S_2O_3}, \quad 单位（mol/L）$$

3. 100 g/L 碘化钾溶液：10 g KI 溶于 90 mL 水中。

4. 10 g/L 淀粉溶液（溶于饱和氯化钠溶液中）：称取 1 g 淀粉，加 5 mL 去离子水先调成糊状，充分振荡，然后加入 95 mL 100℃的饱和 NaCl 溶液中（需放入沸球，防止暴沸）。煮沸 2 min，冷却。使用期限 2 周。

5. 饱和氯化钠溶液：称取 39.8 g NaCl 加到 100 mL 100℃的去离子水中，充分振荡，冷却即可。

五、实验材料与耗材

1. 材料：花生油。

2. 耗材：250 mL 碘瓶、移液管 1 mL×1、10 mL×2，量筒 50 mL×2，胶头滴管，无色滴定管，铁架台。

3. 试剂：四氯化碳，溴，无水乙酸，碘，碘化钾，硫代硫酸钠，硼砂，硫酸，淀粉，氯化钠。

六、仪器与设备

电子分析天平等。

七、注意事项

1. 碘瓶必须洁净、干燥，否则油中含有水分，引起反应不完全。

2. 加碘试剂后，如发现碘瓶中颜色变浅褐色时，表明试剂不够，必须再添加 10 ~ 15 mL 试剂。

3. 如加入碘试剂后，液体变浊，这表明油脂在 CCl_4 中溶解不完全，可再加些 CCl_4。

4. 将近滴定终点时，用力振荡是本滴定成败的关键之一，否则容易造成滴加过量或不足。

如振荡不够，CCl_4 层会出现紫或红色，此时应用力振荡，使碘进入水层。

5. 淀粉溶液不宜加得过早，否则滴定值偏高。

ⓔ 答案提示 2-22

八、思考与探索

1. 测定碘值有何意义？液体油和固体脂碘值间有何区别？

2. 滴定过程中，淀粉溶液为何不能过早加入？

3. 滴定完毕放置一段时间后，溶液应返回蓝色，否则表示滴定过量，为什么？

ⓔ 预习小测 2-25

九、实验预习小测

（邓加聪　郑　虹）

实验 4-4　酮体生成实验

一、目的与要求

掌握酮体生成实验的原理；熟悉酮体生成实验的操作。

二、实验原理

酮体是乙酰乙酸、β-羟丁酸和丙酮三种物质的总称。肝中含有合成酮体的酶系，利用丁酸作为底物，与肝匀浆混合保温后有酮体生成。酮体可与含亚硝基铁氰化钠的显色粉反应产生紫色化合物。肌肉组织中缺乏酮体生成的酶，丁酸与肌匀浆保温后则不产生酮体，因此与含亚硝基铁氰化钠的显色粉反应不产生紫色化合物。

三、基本步骤

1. 肝匀浆、肌匀浆的制备：取新鲜的猪肝和猪肉组织，分别放入搅拌机磨成浆，加生理盐水（质量：体积 = 1∶2）混匀过滤，备用。

2. 取试管 4 只，按表 1 加入各种试剂。

试剂 / 滴	试管编号			
	1	2	3	4
洛克溶液	15	15	15	15

· 表 1　酮体生成试验反应试剂

续表

试剂 / 滴	试管编号			
	1	2	3	4
0.5 mol/L 丁酸溶液	30	—	30	30
0.1 mol/L 磷酸盐缓冲液	15	15	15	15
肝匀浆	20	20	—	—
肌匀浆	—	—	—	20
蒸馏水	—	30	20	—

3. 将上述 4 只试管置于 37℃水浴 20 min，取出后，各管加 15% 三氯乙酸溶液 20 滴，摇匀。3 000 r/min 离心 5 min。分别取出上述各试管 10 滴，放于白瓷反应板上，并加一小匙显色粉，观察颜色反应。

四、溶液配制

1. 洛克（Locke）溶液：称取 NaCl 4.5 g，KCl 0.21 g，CaCl$_2$ 0.12 g，Na$_2$CO$_3$ 0.1 g，葡萄糖 0.5 g，加水溶解后定容至 500 mL，冰箱中保存备用。

2. 0.5 mol/L 丁酸溶液：取 22.0 g 正丁酸溶于 0.1 mol/L NaOH 溶液中，定容至 500 mL。

3. 0.1 mol/L 磷酸盐缓冲液（pH 7.6）：准确称取 Na$_2$HPO$_4$·2H$_2$O 7.74 g 和 NaH$_2$PO$_4$·H$_2$O 0.897 g，溶于蒸馏水中，定容至 500 mL。

4. 15% 三氯乙酸溶液：15 g 三氯乙酸溶于 75 mL 纯水中。

5. 显色粉：亚硝基铁氰化钠 1 g，无水碳酸钠 30 g，硫酸铵 50 g，混合后研碎。

6. 生理盐水。

五、实验材料与耗材

1. 材料：新鲜猪肝和猪肉。

2. 耗材：10 mm×100 mm 试管 ×4，量筒，烧杯，胶头滴管，试管架，蜡笔，白瓷板。

3. 试剂：NaCl，KCl，CaCl$_2$，Na$_2$CO$_3$，葡萄糖，正丁酸，磷酸氢二钠，磷酸二氢钠，三氯乙酸，亚硝基铁氰化钠，无水碳酸钠，硫酸铵，氯化钠。

六、仪器与设备

匀浆机，水浴锅，低速离心机等。

七、注意事项

1. 肝匀浆的制备是实验成功与否的关键，匀浆时不能温度过高，可采用预冷的生理盐水。

2. 不要用吸肝匀浆的滴管吸肌匀浆。

八、思考与探索

实验中，肝匀浆中不加丁酸组（即组 2）往往也可见紫红色产物，即有酮体的存在，试分析原因。

九、实验预习小测

 答案提示 2-23

 预习小测 2-26

（金火喜）

实验 4-5　果蔬维生素 C 含量测定及其分析

一、目的与要求

了解从果蔬中提取维生素 C 的方法；掌握 2,6- 二氯酚靛酚测定维生素 C 的原理和方法；复习酸式滴定管的使用和操作方法。

二、实验原理

维生素 C 又名抗坏血酸，广泛存在于新鲜的蔬菜和水果中，不同的果蔬维生素 C 含量不同。2,6- 二氯靛酚是一种染料，该染料在酸性中呈红色，在碱性中呈深蓝色。用蓝色的碱性染料滴定维生素 C 的酸性浸出液，维生素 C 被氧化成脱氢维生素 C，该染液被恢复为无色，到达终点时，微过量的 2,6- 二氯靛酚在酸性中呈浅红色即为滴定终点。从染料消耗量即可计算出样品中恢复性维生素 C 的量。在没有杂质干扰时，一定量的样品提取液还原标准 2,6- 二靛酚的量与样品中所含维生素 C 的量成正比。

本法主要用于测定还原型维生素 C，测定总维生素 C 含量常用 2,4- 二硝基苯肼法和荧光分光光度法测定。

三、基本步骤

1. 维生素 C 的提取：将新鲜橘子洗净，用纱布或吸水纸吸干表面水分，然后称取 20 g 置于研钵中，加入 20 mL 20 g/L 草酸，根据实验需要处理样品，研磨，4 层纱布过滤，滤液备用。

2. 标准液的滴定：准确吸取标准维生素 C 溶液 1 mL 于 100 mL 锥形瓶中，加 9 mL 10 g/L 草酸，用滴定管以 0.1% 2,6- 二氯靛酚溶液滴定至淡红色，并保持 15 s 不褪色，即达终点。由所用染料的体积计算出 1 mL 染料相当于多少毫克维生素 C（取 10 mL 1% 草酸做空白对照，按以上方法进行滴定）。

$$1\text{ mL 染料能氧化维生素 C 质量的滴定度 } T = \frac{1}{V_{抗} - V_{C}}$$

式中，$V_{抗}$—滴定标准维生素 C 所消耗染料的平均体积（mL）；

V_{C}—滴定空白对照所消耗染料的平均体积（mL）。

3. 样品滴定：准确吸取滤液两份，每份 10 mL，分别放入 2 个锥形瓶内，滴定方法同前。另取 10 mL 10 g/L 草酸作空白对照滴定。

$$维生素 C 含量（mg/100 g 样品）= \frac{(V_{A} - V_{B}) \times C \times T \times 100}{D \times W}$$

式中，V_{A}—滴定样品所消耗染料的平均体积（mL）；

V_{B}—滴定空白对照所消耗染料的平均体积（mL）；

C—样品提取液的总体积（mL）；

D—滴定时所取的样品提取液体积（mL）；

T—1 mL 染料能氧化维生素 C 的体积（mg）；

W—待测样品的质量（g）。

四、溶液配制

1. 维生素 C 标准溶液：准确称取 200 mg 维生素 C，溶于 10 g/L 草酸溶液中，移入 1 000 mL 容量瓶中，并用 10 g/L 草酸溶液稀释至 1 000 mL，混匀，置冰箱中保存。

2. 2,6- 二氯靛酚溶液：称取碳酸氢钠 52 mg，溶于 200 mL 沸水中，然后称取 2,6- 二氯靛酚 50 mg，溶解在上述碳酸氢钠的溶液中，待冷却，置于冰箱中过夜，次日过滤置于 250 mL 容量瓶中，用水稀释至刻度，摇匀。此液应贮于棕色瓶中并冷藏，每周至少标定 1 次。

3. 20 g/L 草酸溶液：2 g 草酸溶解于适量蒸馏水中，用水稀释至 100 mL。

4. 10 g/L 草酸溶液：用 20 g/L 草酸溶液稀释可得。

五、实验材料与耗材

1. 材料：新鲜橘子。

2. 耗材：150 mL 锥形瓶 ×1，移液管 1 mL×1、10 mL×1，容量瓶 1 000 mL×2、250 mL×1，烧杯 1 000 mL×2、250 mL×1，量筒 25 mL×1，50 mL 碱式滴定管、纱布、漏斗、研钵。

3. 试剂：维生素 C，草酸，2,6- 二氯靛酚，碳酸氢钠。

六、仪器与设备

电子天平，烘箱，离心机，恒温水浴锅等。

七、注意事项

1. 若滤液有色，可按每克样品加 0.4 g 白陶土脱色后再过滤。

2. 由于维生素 C 极易被氧化，整个操作过程要迅速，防止还原型维生素 C 被氧化，滴定过程一般不超过 2 min，滴定所用的染料不应小于 1 mL 或多于 4 mL，如果样品含维生素 C 太高或太低时，可酌情增减样液用量或改变提取液稀释度。

3. 某些水果、蔬菜（如橘子、西红柿等）浆状物泡沫太多，可滴加数滴丁醇或辛醇。

4. 测定维生素 C 时，尽可能分析新鲜样品，在不发生水分及其他成分损失的前提下，样品尽量捣碎，研磨成浆状。

ⓔ 答案提示 2-24

八、思考与探索

1. 为了测得准确的维生素 C 含量，实验过程中都应注意哪些操作步骤，为什么？
2. 如何准确判断滴定终点？本法终点指示剂是什么，其变化特点是什么？
3. 10 mL 样品处理液、10 mL 10 g/L 草酸溶液如何量取？

ⓔ 预习小测 2-27

九、实验预习小测

（邓加聪　郑　虹）

>>> 模块五　核酸提取与相关操作技术

实验 5-1　植物总 DNA 的提取（CTAB 法）

ⓔ 教学视频 2-8
植物总 DNA 的提取

一、目的与要求

学习和掌握 CTAB 法提取植物总 DNA 的基本原理和实验技术；学习和掌握紫外吸收法鉴定 DNA 纯度和浓度的方法。

二、实验原理

CTAB（cetyltrimethylammonium bromide，十六烷基三甲基溴化铵），是一种阳离子去污剂，能溶解膜蛋白与脂肪，也可解聚核蛋白。植物叶片经液氮研磨，可使细胞壁破裂，加入去污剂 CTAB，可使核蛋白解析，蛋白质和多糖杂质沉淀，DNA 进入水相，再用酚、氯仿抽提纯化。CTAB 与核酸形成复合物，该复合物在高盐浓度（> 0.7 mmol/L 氯化钠溶液）下可溶，并稳定存在，但在低盐浓度（0.1 ~ 0.5 mmol/L 氯化钠溶液）下因溶解度降低而沉淀，而大部分的蛋白质及多糖仍溶解于溶液中。经氯仿 - 异戊醇（24∶1）抽提去除蛋白质、多糖、色素等来纯化 DNA，最后经异丙醇或乙醇等沉淀剂将 DNA 沉淀分离出来。

由于核酸、蛋白质、多糖在特定的紫外波长都有特征吸收。核酸及其衍生物的紫外吸收高峰在 260 nm。纯的 DNA 样品 $A_{260}/A_{280} \approx 1.8$，纯的 RNA 样品 $A_{260}/A_{280} \approx 2.0$，且 1 µg/mL DNA 溶液 $A_{260} = 0.020$。

三、基本步骤

1. 在 1.5 mL 离心管中加入 700 µL CTAB 缓冲液，并在 65℃预热。

2. 称取 0.2 g 新鲜的植物叶片，用蒸馏水冲洗叶面后，用吸水纸吸干残留水分。

3. 将叶片置预冷的研钵中，倒入液氮，快速研磨成粉末（越细越好）。将叶片粉末快速转移至预热好的离心管中，与 CTAB 缓冲液充分混匀。在 65℃水浴 30 min，期间不时地轻轻摇动混匀，确保粉末完全浸没于提取液中。

4. 取出离心管，冷却 2 min 后，加入等体积的氯仿－异戊醇混合液，盖上盖子，温和摇动成乳状液。

5. 4℃下 8 000 r/min 离心 10 min。

6. 离心管中出现 3 层，小心地吸取上清液转移到干净的 1.5 mL 新离心管中，弃去中间层的细胞碎片和变性蛋白以及下层的氯仿（注意：根据需要，上清液可用氯仿－异戊醇混合液反复抽提多次，尽量去除杂质）。

7. 沿离心管壁缓慢加入等体积异丙醇（约 600 µL），将离心管慢慢上下摇动 30 s，使异丙醇与上清液充分混合或可看到絮状物沉淀（主要为 DNA）（注意：为使 DNA 充分沉淀，可将离心管置 -20℃静置 10～20 min）。

8. 将离心管放入离心机中，1 000 r/min 离心 2 min，小心倒去上清液，将离心管倒扣于铺开纸巾上 1 min（注意不要将白色沉淀倒出）。

9. 往离心管中加入 0.5～1 mL 的 75% 乙醇，并将沉淀悬浮，上下摇动离心管 10～20 s，10 000 r/min 离心 1 min，弃去上清液。本步骤重复 1 次。

10. 晾干 DNA 沉淀（自然干燥或真空干燥），加入 50～100 µL TE 缓冲液，使 DNA 溶解，即为 DNA 样品。

11. 测定该溶液在紫外光波长 260 nm 和 280 nm 的吸光度值，计算分析该样品的纯度与浓度。也可取少量样品进行琼脂糖凝胶电泳检测，具体步骤参见实验 5-4。

四、溶液配制

1. 1.0 mol/L Tris 缓冲液（pH 8.0）：称取 12.11 g Tris，用约 80 mL 水溶解后，加入约 4.2 mL 浓盐酸将溶液 pH 调到 8.0，最后用 100 mL 容量瓶定容。

2. 0.5 mol/L 乙二胺四乙酸二钠溶液（Na_2EDTA）：称取 Na_2EDTA 18.61 g，用约 80 mL 水溶解后，加入 NaOH 约 2 g，调节 pH 至 8.0，最后用 100 mL 容量瓶定容。

3. 3×CTAB 缓冲液（pH 8.0）：该溶液含有 100 mmol/L Tris、25 mmol/L Na_2EDTA、1.5 mol/L 氯化钠、30 mg/mL CTAB 和 2% β-巯基乙醇。分别称取 8.766 g NaCl 和 3 g CTAB，分别量取 1.0 mmol/L Tris 溶液 10 mL、0.5 mol/L Na_2EDTA 溶液 5 mL、β-巯基乙醇 2 mL，混合溶解后，定容到 100 mL。CTAB 较难溶解，可以利用加热方式促进溶解。待溶质完全溶解后，冷却到室温。

4. TE 缓冲液（pH 8.0）：该溶液含有 10 mmol/L Tris 和 1 mmol/L Na$_2$EDTA。分别量取 1 mL 1.0 mmol/L Tris 缓冲液和 0.2 mL 0.5 mol/L Na$_2$EDTA 溶液，混合均匀后定容到 100 mL。

5. 氯仿 – 异戊醇混合液（24∶1，体积比）：分别量取 96 mL 氯仿和 4 mL 异戊醇混合均匀。

6. 75% 乙醇：分别量取 75 mL 无水乙醇和 25 mL 无菌水，混匀。

五、实验材料与耗材

1. 材料：植物叶片（幼嫩叶片为佳）。

2. 耗材：1.5 mL 离心管，陶瓷研钵，研棒，药勺，剪刀，滴管。耗材均需灭菌处理。

3. 试剂：氯仿，异戊醇，Tris，Na$_2$EDTA，浓盐酸，NaOH，氯化钠，CTAB，β– 巯基乙醇，无水乙醇。

六、仪器与设备

冰箱，恒温水浴锅，高速冷冻离心机，紫外分光光度计等。

七、注意事项

1. 液氮研磨时，小心操作，以免冻伤。

2. 液氮研磨过程中，一定不要让液氮挥发净，使材料回温，否则 DNA 会降解。当液氮不再沸腾时需及时添加，继续磨样，直到将样品磨成粉末为止。

3. 所有操作均需温和，避免剧烈振荡。

ⓔ 答案提示 2-25

八、思考与探索

1. 实验中使用的 3 种试剂 CTAB、EDTA、β– 巯基乙醇的作用分别是什么？

2. 液氮研磨的原理是什么？

3. 液氮研磨能使用玻璃材质的研钵吗，为什么？

九、实验预习小测

ⓔ 预习小测 2-28

（郑 燕 沙 莉）

实验 5–2　酵母 RNA 的分离及组分鉴定（稀碱法）

一、目的与要求

学习稀碱法提取酵母 RNA 粗制品的原理和方法；了解核酸的组分，并掌握鉴定核酸组分的方法。

二、实验原理

酵母细胞富含核酸，核酸中 RNA 含量较多，含量为干菌体的 2.67% ~ 10.0%。工业上多采用稀碱法提取 RNA。稀碱法是用稀的氢氧化钠溶液使酵母细胞壁变性、裂解，离心除去蛋白质和菌体后，上清液用乙醇使 RNA 沉淀，由此得到 RNA 的粗制品。

核糖核酸含有核糖、嘌呤碱、嘧啶碱和磷酸各组分。RNA 组分鉴定：①嘌呤碱与硝酸银作用，会产生白色的嘌呤银化合物沉淀；②苔黑酚显色法，核糖核酸与盐酸共热时，会发生降解，形成的核糖转变为糠醛，后者与苔黑酚（3,5- 二羟基甲苯）反应呈鲜绿色，该反应需三氯化铁或氯化铜作为催化剂；③磷酸与定磷试剂中的钼酸铵发生反应生成磷钼酸，并被维生素 C 还原成蓝色的复合物钼蓝。

三、基本步骤

1. 酵母 RNA 粗制品的提取

将 7.5 g 酵母悬浮于 45 mL 0.04 mol/L 氢氧化钠溶液中，并在研钵中研磨均匀。将悬浮液转移至 150 mL 锥形瓶中。沸水浴上加热 30 min 后，冷却。4 000 r/min 离心 15 min，将上清液缓缓倾入 30 mL 酸性乙醇溶液中。注意要一边搅拌一边缓缓倾入。待 RNA 沉淀完全后，3 000 r/min 离心 5 min，弃去上清液。用 95% 乙醇洗涤沉淀两次，乙醚洗涤沉淀一次后，再用乙醚将沉淀转移至布氏漏斗中抽滤。沉淀可在空气中干燥。

2. 酵母 RNA 的水解

取 200 mg 提取的核酸，加入 1.5 mol/L 硫酸溶液 15 mL，在沸水浴中加热 10 min 制成水解液。

3. 酵母 RNA 的组分鉴定

（1）嘌呤碱：做三组对照实验。①取水解液 1 mL 加入 1 mL 浓氨水，然后加入约 1 mL 0.1 mol/L 硝酸银溶液，观察有无嘌呤碱的银化合物沉淀；②另取 1 mL 浓氨水，然后加入约 1 mL 0.1 mol/L 硝酸银溶液，观察有无沉淀生成；③取水解液 1 mL 加入 2 mL 浓氨水，然后加入约 1 mL 0.1 mol/L 硝酸银溶液，观察有无嘌呤碱的银化合物沉淀。

（2）核糖：取 1 只试管加入水解液 1 mL、氯化铁浓盐酸溶液 2 mL 和苔黑酚乙醇溶液 0.2 mL。放沸水浴中 3 min。注意溶液是否变成绿色，说明核糖是否存在。

（3）磷酸：取 1 只试管，加入水解液 1 mL 和定磷试剂 1 mL。在水浴中加热，观察溶液是否变成蓝色，说明磷酸是否存在。

四、溶液配制

1. 0.04 mol/L 氢氧化钠溶液：将 0.16 g 氢氧化钠溶于 100 mL 蒸馏水中。

2. 酸性乙醇溶液：将 0.3 mL 浓盐酸加入 30 mL 乙醇中。

3. 1.5 mol/L 硫酸溶液：取 8 mL 浓硫酸缓缓加入到 92 mL 蒸馏水中。

4. 0.1 mol/L 硝酸银溶液：将 1.70 g 硝酸银溶于 100 mL 蒸馏水中。

5. 氯化铁浓盐酸溶液：将 2 mL 10% 氯化铁溶液加入到 400 mL 浓盐酸中。

6. 苔黑酚乙醇溶液：6 g 苔黑酚溶解于 100 mL 95% 乙醇中（可在冰箱中保存 1 个月）。

7. 定磷试剂（*V/V*）：17% 硫酸溶液：25 g/L 钼酸铵溶液：100 g/L 维生素 C 溶液：水 =1∶1∶1∶2（现配现用）。

（1）17% 硫酸溶液：将 17 mL 浓硫酸（相对密度 1.84）缓缓加入到 83 mL 蒸馏水中。

（2）25 g/L 钼酸铵溶液：将 2.5 g 钼酸铵溶于 100 mL 蒸馏水中。

（3）100 g/L 维生素 C 溶液：10 g 抗坏血酸溶于 100 mL 蒸馏水中，贮棕色瓶保存。

五、实验材料与耗材

1. 材料：活性干酵母。

2. 耗材：25 mL 试管 ×5，移液管 1 mL×5、2 mL×1，150 mL 锥形瓶 ×2，量筒 50 mL×2，试管架，吸管，滴管，烧杯，研钵，布氏漏斗及抽滤瓶。

3. 试剂：95% 乙醇，浓氨水，乙醚，NaOH，浓盐酸，硫酸，钼酸铵，维生素 C，3,5- 二羟基甲苯，氯化铁，硝酸银。

六、仪器与设备

恒温水浴锅，离心机，电子天平等。

七、注意事项

1. 稀碱法提取的 RNA 为变性 RNA，可用于 RNA 组分鉴定及单核苷酸制备，不能作为 RNA 生物活性实验材料。

2. 苔黑酚反应特异性较差，凡戊糖均有此反应。因此苔黑酚实验不能作为 RNA 与 DNA 鉴别的依据。

3. 试剂瓶中溶液用胶头滴管取用，吸 1 管约 1 mL，0.2 mL 苔黑酚溶液用滴管取 4 滴即可，1 滴约为 0.05 mL。

答案提示 2-26

八、思考与探索

1. 如何得到高产量 RNA 的粗制品？

2. 本实验 RNA 组分是什么，如何验证？

预习小测 2-29

九、实验预习小测

（邓加聪　郑　虹）

教学视频 2-9
总 RNA 的提取

实验 5-3　细菌总 RNA 的提取（Trizol 法）

一、目的与要求

了解 RNA 的特性；掌握 Trizol 法提取 RNA 的原理及操作技术。

二、实验原理

RNA 分子是化学性质非常活跃的分子。在提取细胞内 RNA 的过程中，RNA 分子容易受细胞内核酸酶、化学试剂、机械振荡等多种因素影响而被破坏分子结构，导致提取失败。Trizol 是一种总 RNA 抽提试剂，采用变性剂即内含异硫氰酸胍、苯酚、8- 羟基喹啉和 β- 巯基乙醇等变性物质，能迅速破碎细胞使 RNA 释放，同时抑制细胞释放的核酸酶活性，保护 RNA 的完整性。Trizol 适用于从多种组织或细胞中快速分离总 RNA。

三、基本步骤

1. 吸取 1.5 mL 菌液至离心管中，4℃，8 000 r/min 离心 2 min，弃上清液。
2. 向沉淀加入 1 mL Trizol 试剂（每毫升 Trizol 可裂解 1×10^7 个细菌细胞）。
3. 用移液器反复吹吸直至裂解液中无明显沉淀。
4. 室温静置 5 min，使其充分裂解。
5. 向裂解液中加入 0.2 mL 氯仿（Trizol 的 1/5 体积量），盖紧离心管盖，混合至溶液乳化呈乳白色。室温静置 5 min。
6. 12 000 r/min，4℃离心 15 min，将上清液小心转移到新 1.5 mL 离心管中（切勿吸取白色中间层）。
7. 加入与上清液等体积的异丙醇，上下颠倒离心管充分混匀后，室温下静置 10 min。
8. 离心 12 000 r/min，4℃，10 min。此时在离心管底部会出现白色的 RNA 沉淀。
9. 小心移去上清液，防止沉淀丢失。
10. 加入 1 mL 75% 乙醇洗涤，轻轻上下颠倒洗涤离心管管壁，7 500 r/min，4℃，离心 5 min。
11. 用移液器移除上清液，切勿触及沉淀。
12. 打开离心管盖，室温干燥沉淀，让乙醇挥发完全。
13. 加入 20～50 μL 的无 RNase 水溶解，可以 –70℃保存。
注意：可以采用琼脂糖凝胶电泳或光谱技术检测 RNA 的浓度、纯度情况。

四、溶液配制

1. Trizol 试剂：直接使用购买的 Trizol 类试剂。

2. 75% 乙醇：量取 75 mL 无水乙醇用水定容到 100 mL，4℃保存。

五、实验材料与耗材

1. 材料：大肠杆菌培养液。
2. 耗材：1.5 mL 离心管，移液器，吸头。
3. 试剂：Trizol 试剂，氯仿，异戊醇，无水乙醇，超纯水。

六、仪器与设备

冰箱，超净工作台，冷冻高速离心机，制冰机等。

七、注意事项

1. 尽可能选择处于生长旺盛时期收集菌体。

2. 加入氯仿后静置离心，此时匀浆液分为三层，即无色的上清液（含 RNA）、中间的白色蛋白质层（大部分为 DNA），以及带有颜色的下层有机相。不要吸取任何中间层物质，否则会出现 DNA 污染。

3. 全程佩戴一次性手套。皮肤经常带有细菌或霉菌，可能污染抽提的 RNA 并成为 RNase 的来源。

八、实践应用

RNA 提取的方法有很多，现在主要采用各种供应商提供的 Trizol 试剂。具体操作步骤可以根据实验材料的来源和数量不同而调整，以期提取到浓度高、纯度高、稳定的 RNA 分子。

九、思考与探索

1. Trizol 试剂包含有哪些试剂？各组分作用分别是什么？
2. 实验过程中，使用哪种试剂沉淀 RNA 分子，其沉淀的原理是什么？

（谢　苗）

实验 5-4　琼脂糖凝胶电泳

ⓔ教学视频 2-10
琼脂糖凝胶电泳

一、目的与要求

学习琼脂糖凝胶电泳检测 DNA 的方法和技术。

二、实验原理

DNA 分子在琼脂糖凝胶电泳中泳动时有电荷效应和分子筛效应。DNA 分子在高于等电点的 pH 溶液中带负电荷，在电场中向正极移动。在一定的电场强度下，DNA 分子的迁移速率取决于 DNA 分子本身的大小和构型。溴化乙锭（EB）是一种荧光染料，这种扁平分子可以嵌入核酸双链的配对碱基之间，它与 DNA 的结合几乎没有碱基序列的特异性。在高离子强度的饱和溶液中，大约每 2.5 个碱基插入一个溴化乙锭分子。与 DNA 结合的染料在紫外线下呈现橙色荧光。由于 EB 是强诱变剂，具有高致癌性，因此现在多使用安全的 EB 替代品——核酸染料。核酸染料会与 DNA 和 RNA 的特定结合使其在荧光下能够发出荧光信号。

三、基本步骤

1. 准备好制胶模具，将凝胶槽置于制胶板中，放好梳子。也可用胶带密封凝胶槽两端的开口，从而形成一个模具。

2. 称取 0.16 g 琼脂糖于 50 mL 三角瓶中，加入 0.5×TBE 缓冲液 20 mL，在微波炉中加热至琼脂糖完全溶解，配制为 0.8% 的琼脂糖凝胶。

3. 待琼脂糖溶液冷却至 60℃ 左右时，加入 1 μL 核酸染料充分混匀，将温热的琼脂糖凝胶倒入胶槽中，凝胶厚度在 3～5 mm 之间。

4. 凝胶完全凝固后（室温下 30～40 min），小心将胶板移至装有 0.5×TBE 缓冲液的电泳槽中（如用胶带密封的需去掉透明胶），轻轻拔去梳子，往电泳槽中注入 0.5×TBE 电泳缓冲液，没过胶面约 1 mm。

5. DNA 样品与 6× 电泳上样缓冲液按照体积比 5∶1 的比例混合后，用微量移液器慢慢将混合物加入上样孔中。

6. 盖上电泳槽并接通电泳仪的电源（注意正负极，DNA 片段从负极向正极移动）。DNA 迁移速率与电压成正比，最高电压不超过 5 V/cm。

7. 当溴酚蓝染料在凝胶中移出适当距离后，停止电泳，取出凝胶板，在紫外凝胶成像仪下观察。

四、溶液配制

1. 0.5 mol/L EDTA（pH 8.0）：称取 18.61 g Na$_2$ EDTA 用约 80 mL 水溶解后，加入约 2 g NaOH，调节 pH 至 8.0，最后用 100 mL 容量瓶定容。

2. 5×TBE 贮存液：分别称取 54 g Tris 和 27.5 g 硼酸，用 800 mL 蒸馏水溶解后，加入 20 mL 0.5 mol/L EDTA，定容到 1 000 mL。使用前稀释。

3. 电泳上样缓冲液（6×）：含有 2.5 g/L 溴酚蓝和 400 g/L 蔗糖。分别称取 0.25 g 溴酚蓝和 40 g 蔗糖，用 80 mL 蒸馏水溶解后定容到 100 mL。

五、实验材料与耗材

1. 材料：DNA 样品或 PCR 产物等。

2. 耗材：吸头，150 mL 三角瓶 1 个，50 mL 量筒 1 个，移液器。

3. 试剂：琼脂糖，Tris，硼酸（或乙酸），溴酚蓝，蔗糖，核酸染料，DNA 分子标准 marker。

六、仪器与设备

水平凝胶电泳槽，稳压电泳仪，微波炉等。

七、注意事项

1. 配琼脂糖凝胶时应使其完全熔化并冷却到 65℃左右才能倒板，温度过高，易使支持凝胶的有机玻璃板变形，或使封闭周围的胶带开裂，造成漏胶。温度过低，琼脂糖很快凝结，使所倒的胶不均匀，且倒入板中的凝胶应该避免出现气泡，以免影响电泳结果。

2. 凝胶中所加的缓冲液应与电泳槽中的相一致，为保持电泳所需的离子强度和 pH，应经常更新电泳缓冲液。

3. 电泳时应注意电源线路，预防触电。

4. 上样缓冲液的功能：提高样品的密度保证样品沉入加样孔内；使样品带有颜色便于简化上样过程；能明确显现样品在电泳胶上泳动位置。溴酚蓝在琼脂糖凝胶中的迁移速率是二甲苯氰迁移速率的 2.2 倍，这一特性与琼脂糖浓度无关。

5. 造成 DNA 带形模糊的原因有：DNA 加样过多，电压太高，凝胶中有气泡。

6. 紫外线对人体和 DNA 样品有损伤作用，开灯时间不宜太长，注意防护。

ⓔ 答案提示 2-27

ⓔ 预习小测 2-30

八、思考与探索

1. 如果样品电泳很久都没有跑出点样孔，你认为有哪几方面原因？
2. 琼脂糖凝胶电泳中 DNA 分子迁移率受哪些因素的影响？

九、实验预习小测

（赵伊英）

实验 5-5　Southern 印迹杂交

一、目的与要求

学习和掌握 Southern 印迹杂交技术，检测基因组 DNA 分子中是否含有目的基因片段。

二、实验原理

核酸分子杂交，包括 Southern 印迹杂交和 Northern 印迹杂交，非同一分子来源但具有互补序列（或某一区段互补）的两条多核苷酸链，通过 Watson–Crick 碱基配对形成稳定的双链分子的过程。若其中的一条链被人为标记，该标记可以通过某种特定方法检出，即成为所谓的探针。探针与其互补的核苷酸序列杂交后，杂交体也就带上了同样标记，可被检测出来，该杂交过程是高度特异性的。

Southern 印迹杂交技术包括两个主要过程：一是将待测核酸分子通过一定的方法转移并结合到某一固相支持物（硝酸纤维素膜或尼龙膜）上，即印迹（blotting）；二是固定于膜上的核酸与同位素或其他标记的核酸探针进行杂交，再经过放射自显影技术或光化学、免疫学技术显示出不同的颜色，根据颜色有无和深浅判定结果，即分子杂交过程。这种技术是 E. M. Southern 于 1975 年首创，因此称 Southern 印迹杂交。Southern 印迹杂交可用于基因组特定 DNA 序列的定位、从 cDNA 文库或基因组文库中筛选完整基因等，还可以用于构建 DNA 分子的酶切图谱和遗传图 – 指纹分析等。

Southern 印迹杂交的印迹方法有毛细管虹吸法、电转法、真空转移法，滤膜有尼龙膜、化学活化膜（如 ABM、APT 纤维素膜）等，目前最常用的方法主要是毛细管虹吸法和电转法。毛细管虹吸法是利用浓盐转移缓冲液的推动作用将凝胶中的 DNA 转移到固相支持物上，转移方法见图 1。容器中的转移缓冲液含有高浓度的 NaCl 和柠檬酸钠，上层吸水纸的虹吸作用使缓冲液通过滤纸桥、滤纸、凝胶、硝酸纤维素膜或尼龙膜向上运动，同时带动凝胶中的 DNA 片段垂直向上运动而滞留在膜上；电转法是利用电场的电泳作用将凝胶中的 DNA 转移到固相支持物上，是近年来发展起来的一种简单、迅速、高效的 DNA 转移法；一般只需 2~3 h，对于用毛细管虹吸法不理想的大片段 DNA 的转移较为适宜。

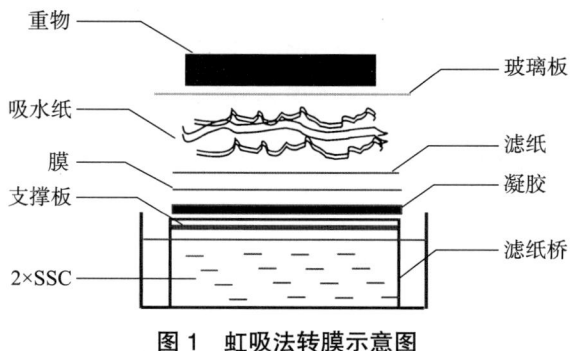

图 1 虹吸法转膜示意图

三、基本步骤

本实验以植物 DNA Southern 印迹杂交为例，基本过程分为植物基因组总 DNA 限制性内切酶酶解、DNA 酶切样品的琼脂糖凝胶电泳、DNA 变性与转膜固定、杂交与洗膜、免疫检测或放射显影等。

（一）转膜和固定

1. 电转移

（1）取一定量的待测 DNA 样品（DNA 样品量根据不同的实验目的，需要的量不同，通常在 0.1~50 μg 之间），经适当限制性内切酶酶切后，进行琼脂糖凝胶电泳

（具体步骤同实验5-4）。

（2）电泳结束后，在凝胶成像系统中观察电泳结果及拍照。

（3）切去无用的凝胶部分，将凝胶浸泡于适量变性液中，轻轻摇动1 h。对于较大的 DNA 片段（>15 kb），可于变性前用 0.2 mol/L HCl 预处理 10 min 使其脱嘌呤，再进行碱变性处理。

（4）将凝胶用去离子水漂洗一次，然后浸泡于适量中和液 30 min，轻轻摇动，重复一次。将凝胶浸泡于 1×TBE 或 TAE 中。

（5）裁剪 4 张与凝胶大小相同或稍大的 Whatman 3M 滤纸，浸泡于 1×TBE 或 TAE 中，取 2 张置于一海绵上。

（6）裁剪一张与凝胶大小相同的尼龙膜，置水中使其从底部向上浸润，然后置于 1×TBE 或 TAE 中浸泡。

（7）将充分湿润的尼龙膜覆盖于凝胶上，一端与加样孔对齐，注意排除二者间的气泡。

（8）在尼龙膜上再覆盖两张润湿的 Whatman 3M 滤纸，然后盖上另一张海绵。

（9）海绵两侧夹上凝胶支持夹，置于电转仪中，注意尼龙膜一侧置于正极，凝胶一侧置于负极。

（10）300~600 mA 恒流电泳，4~8 h，循环水冷却。

（11）电转完毕，尼龙膜用 1×TBE 或 TAE 漂洗，用干燥滤纸吸干。

（12）尼龙膜可用短波紫外线照射几分钟，或者真空下以 80℃烘烤 2 h，以使 DNA 固定于尼龙膜上。

2. 毛细管虹吸法

（1）取一定量的待测 DNA 样品（DNA 样品量根据不同的实验目的，需要的量不同，通常在 0.1~50 µg 之间），经适当限制性内切酶酶切后，进行琼脂糖凝胶电泳（具体步骤同实验5-4）。

（2）电泳结束后，在凝胶成像系统中观察电泳结果及拍照。

（3）电泳完毕后，将凝胶用去离子水漂洗 2 次，用锋利刀片切去凝胶多余的部分，并在凝胶左上角切去一角作为标记。

（4）将凝胶转入数倍体积的变性液中，温和摇动 45 min，使 DNA 变性。

（5）将凝胶转入去离子水中漂洗片刻，转入中和液室温温和振荡 5 min 使之中和，更换中和液再浸泡 15 min。

（6）浸泡的同时，准备一块长和宽均大于凝胶的玻璃板，上面用滤纸覆盖，充当吸液灯芯。将盖有滤纸的玻璃置于一塑料盒上（宽于玻璃板），内注入足量 2×SSC 溶液，液面略低于玻璃板，待滤纸充分浸湿后用玻璃棒除尽气泡。

（7）用刀片裁一张硝酸纤维素膜，长和宽分别比凝胶大 1 mm。随后将裁好的滤膜用去离子水彻底浸湿，剪去一角后在 2×SSC 溶液中浸泡 15~20 min。

（8）从中和液中取出凝胶，翻转以使其背面向上，后放于玻璃板上滤纸的中央位置，除尽气泡，并用 Parafilm 膜封住凝胶边缘，以此作为屏障，阻止液体自液池直接流至凝胶上方的纸层中。

（9）在凝胶上方放置湿润的硝酸纤维素膜，并使两者的切角相重叠。滤膜的一条边缘应刚好超过凝胶上部加样孔一线的边缘，用玻璃棒赶尽滤膜与凝胶间的气泡。

（10）用 2×SSC 溶液浸湿两张与凝胶同样大小的滤纸，放于硝酸纤维素膜上方，用玻璃棒除尽气泡。

（11）切一叠（5～8 cm 高）略小于滤纸的吸水纸，上部放置玻璃板和重物。转移 8～24 h，其间及时更换滤纸并补充 2×SSC 溶液。

（12）转移结束后，去除滤纸，翻转凝胶和滤膜，经凝胶的一面朝上，置于一张干的滤纸上，用铅笔轻轻地在滤膜上标记加样孔的位置。然后将滤膜在 6×SSC 溶液中室温浸泡 5 min，然后将其置于一滤纸上于室温晾干 30 min 以上，随后在 80℃烘烤 30 min～2 h，然后将滤膜用两层滤纸包好放于 2～8℃下备用。

（二）预杂交与杂交

1. 配制预杂交液：按 1 mL/10 cm² 硝酸纤维素膜的比例配制所需预杂交液。

2. 预杂交：将含有靶 DNA 的硝酸纤维素膜漂浮于 6×SSC 液面上，使其由上而下完全湿润后，使滤膜在液体内浸泡 2 min 后，将滤膜封入杂交袋，留一小口，加入所需的预杂交液，除尽气泡后，用封口机严密封口，外面再套一个杂交袋，后放入恒温水浴摇床中 42℃轻轻摇动，预杂交 30 min 或过夜。

3. 探针处理：预杂交的同时，68℃预热杂交液，并按 20～25 ng/mL 取出 5 μL 探针于沸水浴中变性 5 min，然后迅速置于冰上冷却 3 min，加入到预热好的杂交液中。

4. 杂交：将预杂交液倒掉，迅速向袋中加入预热的杂交液（含标记探针），除尽气泡后封好，再套一个杂交袋并封口后，于 42℃缓慢振荡杂交 4 h 或过夜。

5. 洗膜：杂交完毕后，取出滤膜，于滤膜漂洗缓冲液 I 中漂洗 2 次，5 min/ 次，洗涤过程中应不断缓慢振荡；取出滤膜再在经 65~68℃预热的滤膜漂洗缓冲液 II 中漂洗 2 次，15 min/ 次，洗涤过程中应不断缓慢振荡；最后用洗涤缓冲液洗涤膜，室温晃动洗涤 1～5 min。

（三）免疫检测（显色）

1. 倒掉洗涤缓冲液，加入 100 mL 封阻液，室温晃动 30 min，再倒掉溶液。

2. 加入 20 mL 抗体溶液，室温晃动 30 min，倒掉溶液。

3. 用 100 mL 洗涤缓冲液室温晃动洗涤 2 次，15 min/ 次，以除去出多余的抗体，倒掉洗涤液。

4. 加入 20 mL 检测缓冲液中平衡 2～5 min，倒掉检测缓冲液。

5. 将膜上带有 DNA 的一面朝上，放在一个折叠夹（或者杂交袋）上，向膜上加入 2 mL 新鲜配制的的底物显色液。均匀地铺平底物，且膜上不能有气泡。保持膜静置，避光。15～25℃孵育到有颜色出现为止（注意：可短时间打开看是否有斑点出现）。

6. 当出现斑点时，用 50 mL TE 缓冲液浸泡膜 5 min，终止反应，用灭菌去离子水也可达到同样效果。

7. 将结果扫描或拍照保存。

四、溶液配制

1. 杂交溶液配制所需母液

（1）5 mol/L NaCl：称取 292.2 g NaCl 溶于 800 mL ddH$_2$O 中，定容至 1 L，高压灭菌。

（2）10 mol/L NaOH：称取 80 g NaOH 溶于 140 mL ddH$_2$O 中，定容于 200 mL。

（3）20×SSC：称取 175.3 g NaCl、88.2 g 柠檬酸钠溶于 800 mL ddH$_2$O 中，用 1 mol/L 的 HCl 调至 pH 7.0，定容至 1 L。

（4）1 mol/L Tris 缓冲液：称取 121.1 g Tris 加入 800 mL ddH$_2$O 中，边搅拌边加入 40 mL 浓 HCl，最后用稀 HCl 调至 pH 8.0，定容至 1 L，高压灭菌。

（5）1 mol/L 马来酸缓冲液：称取 23.2 g 马来酸溶于 200 mL ddH$_2$O 中，高压灭菌。

（6）100 g/L SDS：称取 10 g SDS 溶于 100 mL ddH$_2$O 中。

（7）0.5 mol/L EDTA：称取 29.22 g EDTA 溶于 100 mL ddH$_2$O 中调至 pH 8.0，定容至 200 mL，高压灭菌。

2. 转膜和固定所需工作液

（1）变性液（1.5 mol/L NaCl，0.5 mol/L NaOH）：500 mL ddH$_2$O 中加入 300 mL 5 mol/L NaCl 和 50 mL 10 mol/L NaOH，定容至 1 L。

（2）中和液（1 mol/L Tris-HCl pH 7.4，1.5 mol/L NaCl）：400 mL ddH$_2$O 加入 300 mL 5 mol/L NaCl，称取 121.1 g Tris，边搅拌边加入 40 mL 浓 HCl，最后稀 HCl 调至 pH 7.4，定容至 1 L，高压灭菌。

（3）2×SSC：将 20×SSC 按照 1∶10 稀释即可，定容至 1 L，高压灭菌。

（4）6×SSC：取 300 mL 20×SSC 稀释至 1 L，高压灭菌。

（5）0.2 mol/L EDTA：取 40 mL 0.5 mol/L EDTA 稀释至 100 mL，高压灭菌。

（6）滤膜漂洗缓冲液Ⅰ（2×SSC，1 g/L SDS）：在 800 mL ddH$_2$O 中加入 100 mL 20×SSC 和 10 mL 100 g/L SDS，定容至 1 L，高压灭菌。

（7）滤膜漂洗缓冲液Ⅱ（0.5×SSC，1 g/L SDS）：在 800 mL ddH$_2$O 中加入 25 mL 20×SSC 和 10 mL SDS，定容至 1 L，高压灭菌。

（8）1×TBE 缓冲液：称取 54 g Tris、27.5 g 硼酸加入 800 mL ddH$_2$O 中，加 20 mL 0.5 mol/L EDTA（pH 8.0）搅拌均匀，定容至 1 L 即为 5×TBE，再稀释 5 倍即为 1×TBE。

3. 杂交工作溶液的制备

（1）洗涤缓冲液：0.1 mol/L 马来酸，0.15 mol/L NaCl（pH 7.5），0.3%（*V/V*）Tween-20。

（2）马来酸溶液：0.1 mol/L 马来酸，0.15 mol/L NaCl，用固体 NaOH 调至 pH 7.5。

（3）检测缓冲液：0.1 mol/L Tris-HCl，0.1 mol/L NaCl（pH 9.5）。

（4）TE 缓冲液：10 mmol/L Tris-HCl，1 mmol/L EDTA（pH 8.0）。

（5）封阻溶液：用马来酸溶液将 10× 封阻溶液稀释 10 倍。

（6）抗体溶液：用封阻溶液将 Anti-Digoxigenin-AP 按照 1∶5 000 稀释，注意

Anti–Digoxigenin–AP 用前先进行 10 000 r/min 离心 5 min。

（7）底物显色液：以 2%（*V/V*）的比例向检测缓冲中加入 NBT/BCIP 储存液。

五、实验材料与耗材

1. 材料：待检植物基因组 DNA 样品，特异性探针（可根据 DIG 标记和检测试剂盒说明书进行预先标记）。

2. 耗材：琼脂糖，限制性内切酶，吸头，尼龙膜或硝酸纤维素膜，DIG 标记和检测试剂盒，滤纸，吸水纸等。

六、仪器与设备

移液器，手掌型离心机，封口机，摇床，杂交袋，托盘，玻璃板，1 000 g 重物，手术刀片，刀柄，水平凝胶电泳槽，稳压电泳仪，微波炉，凝胶成像系统等。

七、注意事项

1. 电转法不能选用硝酸纤维素膜作为固相支持物，因为硝酸纤维素膜结合 DNA 依赖于高浓度盐溶液，而高盐溶液导电性强，会产生强大电流使转移体系温度急剧升高，破坏缓冲体系，从而使 DNA 受到破坏。

2. 如果用寡核苷酸探针或同源性较低的探针，杂交温度可适当降低，届时洗膜温度也要视情况而定。

3. 要注意除尽凝胶和滤纸及硝酸纤维素膜之间的气泡。

ⓔ 答案提示 2-28

八、思考与探索

1. 杂交前，为什么要进行预杂交？
2. 基因组片段化所使用的内切酶应如何选择？

ⓔ 预习小测 2-31

九、实验预习小测

（陈观水）

⟫⟫ 模块六　PCR 技术与应用

ⓔ 教学视频 2-11
PCR

实验 6-1　PCR 检测重组质粒的插入片段

一、目的与要求

学习和掌握 PCR 反应的基本原理与操作流程；培养科学严谨的思维和分析解决

问题的能力。

二、实验原理

聚合酶链式反应（polymerase chain reaction，PCR）的原理是在体外模拟 DNA 的天然复制过程。一对特异性的寡核苷酸引物通过碱基互补原则结合在目标 DNA 片段的两端，再经变性、退火和延伸若干个循环后，目标 DNA 片段扩增 2^n 倍（图1）。基本反应步骤如下：变性，当反应体系温度被加热到94℃左右，模板 DNA 双链间的氢键断裂，双链的目标 DNA 变成两条单链；退火，当反应体系温度降至50~65℃，引物按碱基配对原则分别与目标 DNA 两端互补结合；延伸，当反应体系温度升至72℃左右，耐高温的 DNA 聚合酶会以单链 DNA 为模板，从引物起始并按照 $5' \rightarrow 3'$ 方向，利用反应体系中的4种脱氧核糖核苷三磷酸（dNTP），聚合出一条完整的目标 DNA。理论上来说，由于新合成的目标 DNA 成为了下一轮循环的模板，所以每经过一次循环，样本中目标 DNA 的量可以增加一倍，经过25~30次循环后 DNA 可以扩增 $10^6 \sim 10^9$ 倍。

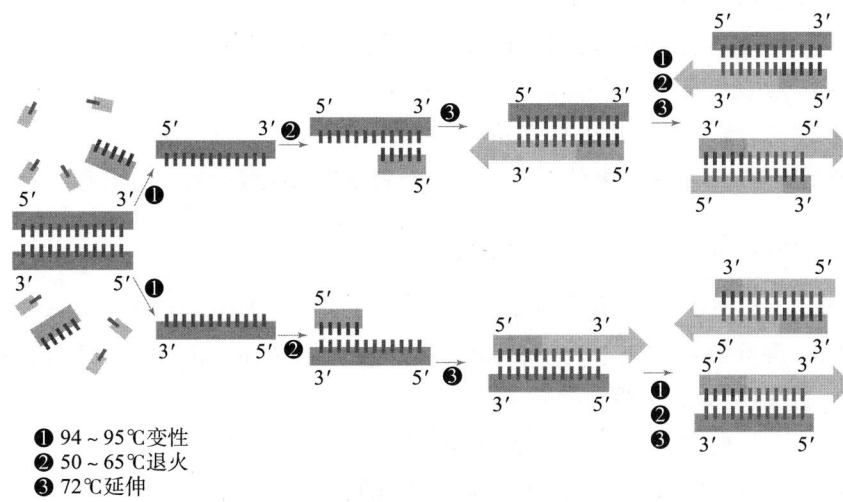

❶ 94~95℃变性
❷ 50~65℃退火
❸ 72℃延伸

图1 PCR原理

三、基本步骤

1. 在 PCR 管内配制 20 μL 反应体系（表1）：

反应物	体积 /μL
10× 缓冲液	2.0
dNTP	0.5
引物1	1.0
引物2	1.0
rTaq 酶	0.5

· 表1 20μL 反应体系

续表

反应物	体积 /μL
模板 DNA	1
ddH$_2$O	14
总体积	20

注：dNTP 和 *rTaq* 酶的加量可依据不同试剂盒说明添加。

2. PCR 热循环仪按下列程序进行扩增：

① 95℃预变性　5 min

② 95℃变性　1 min

③ 55℃退火　1 min

④ 72℃延伸　1 min

⑤ 重复步骤②~④ 30 次

⑥ 72℃延伸　10 min

3. 配制 0.8% 琼脂糖凝胶，取 10 μL 扩增产物电泳，保持电流 40 mA。经电泳后用凝胶成像系统观测结果并拍照。

4. 整理与清洁：实验后保持实验台面的整洁，仪器、药品使用后及时归位。由于琼脂糖凝胶使用了核酸染料进行染色，需要将废弃的凝胶处理后再丢弃。

四、溶液配制

一般购买自试剂公司：10 × 聚合酶缓冲液，*rTaq* 酶，dNTP，引物一对，超纯水等。

1. 10 × 缓冲液：一般含有 500 mmol/L 氯化钾、100 mmol/L Tris 盐酸（pH 8.3）、15 mmol/L 氯化镁和 0.1% 明胶。

2. dNTP：一般含有 1 mmol/L 的 dATP、dCTP、dGTP、dTTP。

3. DNA 模板：模板 DNA 的浓度控制在 1 ng/μL。

4. 引物溶液：配制的引物溶液浓度为 10 pmol/μL。

五、实验材料与耗材

1. 材料：含有目的基因的 DNA（质粒 DNA 或基因组 DNA 等）。

2. 耗材：PCR 管，移液器（规格 20 μL、10 μL，2.5 μL），吸头，冰盒。

六、仪器与设备

PCR 仪、琼脂糖凝胶水平电泳槽、电泳仪、凝胶成像系统等。

七、注意事项

1. 实验中所使用的吸头和 PCR 管都需要高温灭菌处理，取样时注意不能污染试剂。

2. 应该设置阴性对照，可用超纯水代替模板 DNA 进行 PCR 反应以排除假阳性结果。

3. PCR 加样时应尽量保持低温操作，酶、模板 DNA 和引物都应该置于冰盒中。

答案提示 2-29

八、思考与探索

1. 为什么 PCR 反应一般只循环 25 ~ 30 次就要终止？

2. 目前基于 PCR 反应的扩展技术有哪些，原理是什么？

预习小测 2-32

3. PCR 热循环仪中变性、退火和延伸的温度和时间各受什么因素影响？

九、实验预习小测

（林　玲）

实验 6-2　反转录 PCR 扩增基因

一、目的与要求

掌握反转录 PCR 的实验原理和具体操作过程，了解其在真核生物基因克隆中的作用。

二、实验原理

反转录 PCR（reverse transcription PCR，RT–PCR）又称为逆转录 PCR，是以组织或细胞中提取的总 RNA 中的 mRNA 为模板，采用 oligo（dT）利用反转录酶合成 cDNA（complementary DNA）。再以 cDNA 为模板利用特定引物进行 PCR 扩增，从而获得目的基因或检测目的基因的表达。

三、基本步骤

1. 反转录体系的配制：取无 RNase 的 PCR 管，按照一步法 cDNA 合成试剂盒的说明书配制反转录体系（表 1）。

组分	体积
总 RNA	50 ng ~ 5 μg
oligo(dT)$_{18}$	1 μL
2 × TS Reaction Mix	10 μL
TransScript RT/RI	1 μL
gDNA Remover	1 μL
无 RNase 水	补齐到 20 μL

· 表 1　反转录体系

2. 反转录的反应程序：42℃孵育 30 min，85℃加热 5 s 失活 TransScript RT/RI 和 gDNA Remover。

3. PCR 反应体系的配制：按照表 2，以合成的 cDNA 为模板，用引物 F 和 R 进行水稻 actin 基因片段的扩增。

· 表 2　PCR 反应体系

组分	体积
cDNA 模板	1 ~ 2 μL
引物 F（10 μmol/L）	0.6 μL
引物 R（10 μmol/L）	0.6 μL
2 × *Taq* PCR Mix	15 μL
无核酸酶的水	补齐到 30 μL

4. PCR 反应程序：94℃ 5 min；94℃ 30 s，60℃ 30 s，72℃ 50 s，30 次循环；72℃ 5 min；12℃ ∞。

5. 电泳检测反转录 PCR 的产物：用 1 × TAE 电泳缓冲液配制 1% 的琼脂糖凝胶电泳，取 3 μL 的 PCR 产物进行电泳，恒压 100 V，20 ~ 25 min，在凝胶成像系统中观察结果并拍照。

四、实验材料与耗材

1. 材料：从水稻中提取的总 RNA；或绿潮藻浒苔中提取的总 RNA。

2. 耗材：冰盒，试管架，移液器，无 RNase 的 PCR 管，焦碳酸二乙酯（DEPC）处理过的吸头，无菌的 1.5 mL 离心管，一次性手套，一次性口罩。

3. 试剂：购自试剂公司的一步法 cDNA 合成试剂盒，2 × *Taq* PCR Mix，1 × TAE 电泳缓冲液，琼脂糖，100 ~ 2 000 bp DNA Marker，核酸染料，水稻 actin 基因片段的引物对（Os-actin-F：CCTCGTCTCGACCTTGCTGGG；Os-actin-R：GAGAACAAGCA GGAGGACGGC）或浒苔 actin 基因片段的引物对（Up-actin-F：TCAAGCGGTTCTGTC GTT；Up-actin-R：GACCCACCAATCCATACG）。

五、仪器与设备

手掌型离心机，PCR 仪，电泳仪，水平电泳槽，凝胶成像系统等。

六、注意事项

1. 反转录过程涉及 RNA 的操作，因此需戴着一次性口罩和手套进行操作，而后续的 PCR 实验则不必如此。

2. 由于本实验含有生物活性的酶，因此反转录体系和 PCR 反应体系的配制均需在冰上进行。

3. 反应体系配制完成后最好在手掌型离心机上高速瞬离，尽可能使管壁或管盖上残余的液滴都甩到管底。

4. 如果 PCR 仪的反应槽有大小不一的孔，PCR 管应放入能紧密贴合的孔中才行。

⓮答案提示 2-30

七、思考与探索

反转录 PCR 常用于真核生物断裂基因的克隆，以及检测真核生物特定基因是否表达。

1. 反转录 PCR 体系中的 RT、RI、gDNA Remover 指的是什么，有何作用？

2. 本实验 PCR 反应体系中的 Mix，至少包含哪些物质才能进行 PCR 反应以及直接进行电泳？

3. 如果没扩增出目的序列，可能的原因在哪里？

⓮预习小测 2-33

八、实验预习小测

（陈国强）

实验 6-3　目的基因 DNA 的回收

一、目的与要求

熟悉用试剂盒从琼脂糖凝胶中回收和纯化目的 DNA 片段的原理；掌握回收和纯化经琼脂糖凝胶电泳分离目的 DNA 片段的方法。

二、实验原理

从琼脂糖凝胶中纯化目的 DNA 片段是 DNA 亚克隆过程中的关键步骤。目前一般利用商业试剂盒从琼脂糖凝胶中回收 DNA。试剂盒回收纯化的 DNA 片段纯度高，完整性好，可直接用于连接反应、PCR 扩增、DNA 测序等各种分子生物学实验。本实验采用胶回收试剂盒纯化目的 DNA：首先用凝胶溶解液处理含有 DNA 条带的琼脂糖凝胶，快速破坏琼脂糖聚合物之间的氢键，DNA 被释放出来并选择性地结合在膜上，然后用含乙醇的缓冲液去除盐和染料等杂质，最后用水或低盐缓冲液回收 DNA。

三、基本步骤

1. 根据待分离 DNA 片段的大小，使用 TAE 缓冲液（或 TBE 缓冲液）制备适当浓度的琼脂糖凝胶，加入核酸染料，对目的 DNA 进行电泳分离。

2. 在紫外灯下切出含有目的 DNA 的琼脂糖凝胶，用纸巾吸尽凝胶表面的液体。尽量切去不含目的 DNA 部分的凝胶，减小凝胶体积。

3. 切碎胶块，这样可以加快步骤 6 的胶块溶解时间，提高 DNA 回收率。

4. 称量胶块重量，计算胶块体积，以 1 mg = 1 μL 进行计算。每个 1.5 mL 离心管里最多装 300 mg 凝胶。

5. 向胶块中加入胶块溶解液 Buffer GM，Buffer GM 的使用量如下：琼脂糖凝胶浓度为 1.0% 以下时，Buffer GM 使用量为 3 倍凝胶体积量；琼脂糖凝胶浓度为 1.0%～1.5% 时，Buffer GM 使用量为 4 倍凝胶体积量；琼脂糖凝胶浓度为 1.5%～2.0% 时，Buffer GM 使用量为 5 倍凝胶体积量。

6. 均匀混合后室温 15～25℃ 溶解胶块，若胶浓度较大或比较难溶时可加热至 37℃ 促溶。此时应间断振荡混合，确保胶块充分溶解，该过程 5～10 min。

7. 当凝胶完全溶解后，观察溶胶液的颜色，如果溶胶液颜色由黄色变为橙色或粉色，向上述胶块溶解液中加入 3 mol/L 乙酸钠溶液（pH 5.2）10 μL，均匀混合至溶液恢复黄色。当分离小于 400 bp 的 DNA 片段时，应在该溶液中再加入终浓度为 20% 的异丙醇。

8. 将试剂盒中的 Spin Column 安置于收集管上。

9. 将步骤 7 的溶液转移至 Spin Column 中，12 000 r/min 离心 1 min。将滤液重新加入 Spin Column 中离心一次，以提高 DNA 的回收率。

10. 将 700 μL 的 Buffer WB 加入 Spin Column 中，室温 12 000 r/min 离心 30 s，弃滤液。

11. 重复步骤 10。

12. 将 Spin Column 安置于收集管上，室温 12 000 r/min 离心 1 min。

13. 将 Spin Column 安置于新的 1.5 mL 离心管上，在 Spin Column 膜的中央处加入 30 μL 预热至 60℃ 的无菌水或 Elution Buffer，室温静置 1 min。

14. 室温 12 000 r/min 离心 1 min 收集回收的 DNA。

15. 配制适当浓度的琼脂糖凝胶，电泳检测 DNA 回收的效果。

四、溶液配制

50×TAE 缓冲液：每 1 L 溶液中含 242 g Tris，37.2 g $Na_2EDTA \cdot 2H_2O$，57.1 mL 无水乙酸，使用时稀释 50 倍。

五、实验材料与耗材

1. 材料：PCR 产物或酶切产物。

2. 耗材：量筒（100 mL、500 mL），烧杯（150 mL），吸头，1.5 mL 离心管，一次性手术刀片。

3. 试剂：核酸染料，6×DNA 上样缓冲液，DNA marker（DL 2000、DL 5000 等），Agarose Gel DNA Extraction Kit［内含 Buffer GM、Buffer WB、Elution Buffer、3 mol/L 乙酸钠溶液（pH 5.2）］。

六、仪器与设备

水平电泳槽，电泳仪，凝胶成像系统，手持式紫外灯，台式离心机，电子天平，移液器。

七、注意事项

1. 切胶时请注意不要将 DNA 长时间暴露于紫外灯下，以防止 DNA 损伤。同时紫外线对人体（特别是眼）也有损伤，使用时应注意防护。

2. 胶块一定要充分溶解，否则将会严重影响 DNA 的回收率。高浓度凝胶可以适当延长溶胶时间。

3. 单个 Column 可以承载的凝胶体积不超过 300 mg，大于 300 mg 的凝胶，请使用多个 Column 进行回收，否则收率较低。

4. 使用 Buffer WB 时，请先确认 Buffer WB 中已经加入了指定体积的 100% 乙醇，并在瓶子上做好记号。

5. 洗脱前的空离步骤不可省略，该步骤可以除去 Column 上残留洗脱液中的乙醇，否则影响洗脱效率。

6. 洗脱时将无菌水或 Elution Buffer 加热至 60℃后使用有利于提高洗脱效率。

ⓔ 答案提示 2-31

八、思考与探索

1. 回收得到的 DNA 在后续的酶切、连接中反应性能不佳，可能存在什么原因？

2. 长片段 DNA 回收时应该注意哪些问题？

ⓔ 预习小测 2-34

九、实验预习小测

（李今煜）

实验 6-4　实时荧光定量 PCR 测定基因含量变化

一、目的与要求

学习荧光定量 PCR 仪的使用及工作原理；掌握实时荧光定量 PCR 相对定量的分析方法。

二、实验原理

实时荧光定量 PCR（quantitative real-time PCR，qPCR）是在 PCR 反应体系中加入荧光基团，通过检测荧光强度变化来确定产物量的变化。在相对定量中，常通过内参法或者外参法对待测样品中的特定 DNA 序列进行定量分析。

实时荧光定量 PCR 荧光标记方法可分为荧光染料和荧光探针两种，染料类荧光定量 PCR 是利用与双链 DNA 小沟结合发光的理化特征指示扩增产物的增加，如 SYBR Green Ⅰ；探针类荧光定量 PCR 是利用与靶序列特异杂交的探针来指示扩增产物的增加，如 TaqMan 探针。本实验中采用非特异性的荧光染料 SYBR Green Ⅰ 法

（图1）。在游离状态下，SYBR Green I发出微弱的荧光，但一旦与双链DNA结合，其荧光增加1 000倍。一个反应发出的全部荧光信号与出现的双链DNA量呈比例，且会随扩增产物的增加而增加，可通过荧光信号的增加来记录产物的增加。

SYBR GREEN I

图1 荧光染料法原理

三、基本步骤

1. 引物设计

本实验以高温处理前后的辣椒幼苗为实验材料，以辣椒 *CaACTIN* 为内参基因，检测辣椒高温响应相关基因 *CaHSFA2*、*CaHsp70-1* 的表达水平变化，根据 *CaACTIN*、*CaHSFA2* 和 *CaHsp70-1* 的 mRNA 设计荧光定量 PCR 引物，并送交引物合成公司合成，序列如表1。

· 表1 引物序列

基因名称	上游引物序列（5′—3′）	下游引物序列（5′—3′）
CaACTIN	AGGGATGGGTCAAAAGGATGC	GAGACAACACCGCCTGAATAGC
CaHSFA2	AAACCAAGAGCGTGAAGCTG	CGGTACTTCCTCTGCTCCAT
CaHsp70-1	GTTGAGGAGGCTACGGACT	GAGACAACACCGCCTGAATAGC

2. RNA 的提取与检测（操作参考"实验 5-3 细菌总 RNA 的提取"）。

3. 去基因组 DNA 和 cDNA 的合成

注意：市场上有很多商业化试剂盒，参照厂商产品说明书。

（1）基因组 DNA 的去除

在离心管中配制以下混合液（总体积 10 μL）：

组分	用量
无 RNase ddH$_2$O	加水至 8 μL
4 × gDNA wiper Mix	2 μL
模板 RNA	0.5 μg

（2）配置反转录反应体系（用 PCR 管）

组分	用量 /μL
5 × qRT SuperMix II	2 μL
第（1）步的反应液	8 μL

（3）反转录反应：先 50℃ 15 min，85℃ 2 min。反应完毕后进行稀释 10 倍，作为 qPCR 模板。

（4）cDNA 的实时荧光定量 PCR：各样品的目的基因和管家基因分别进行 qPCR 反应，每个实验组设置 3 个生物学重复，确保实验的准确性。PCR 热循环参数为 94℃ 5 s；94℃ 30 s；60℃ 34 s，反应 40 个循环。

组分	用量 /μL
反转录产物（cDNA）	1
2 × SYBR Master Mix	5
引物（10 μmol/L）	1+1
H₂O	7
总体积	20

4. 电泳

PCR 产物与 DNA Marker 在 2% 琼脂糖凝胶电泳，检测 PCR 产物是否为单一特异性扩增条带。

5. 实验结果的分析

扩增完毕后，进入结果分析界面，看 Ct 值、标准偏差、溶解曲线。与内参基因相比，得到目的表达的相对定量值。

利用 $2^{-\Delta\Delta Ct}$ 法进行数据分析：

$$\Delta Ct = Ct（目的基因）- Ct（内参基因）$$

$$\Delta\Delta Ct = \Delta Ct\ 实验组 - \Delta Ct\ 对照组$$

四、实验材料与耗材

1. 材料：不同处理的生物样品（植物材料、动物材料或微生物材料），本实验以高温处理前后的的辣椒幼苗为例。

2. 耗材：无 RNase 1.5 mL 离心管，PCR 管，移液器吸头，一次性塑料手套。

3. 试剂：TRIzol，荧光定量 PCR Mix（SYBR Green I），氯仿，反转录试剂盒，异丙醇、无 RNase H₂O，TE 缓冲液，琼脂糖，核酸染料，核酸上样缓冲液，目的基因引物，内参基因引物。

五、仪器与设备

荧光定量 PCR 仪，电泳槽，电泳仪，凝胶成像系统，冷冻离心机，超净工作台，移液器，手掌型离心机。

六、注意事项

1. 试剂置于冰上放置，注意避免强光照射，防止荧光淬灭。

2. 所有的试剂要加到管底，尽量不要加到管壁，反应体系配制完毕后低速离心数秒，避免产生气泡。

3. 不要在荧光定量 PCR 管上做任何标志，不能用手碰到 PCR 管盖上的采光部位，以免影响实验的准确性。

答案提示 2-32

七、思考与探索

1. 什么是荧光阈值、Ct 值？
2. 荧光定量 PCR 的 Ct 值一般在多少后认为模板没扩增？
3. 溶解曲线不止一个主峰时，可能的原因有哪些？

预习小测 2-35

八、实验预习小测

（陈观水）

教学视频 2-12
大肠杆菌感受态细胞的制备与转化

>>> 模块七 质粒操作技术

实验 7-1 大肠杆菌感受态细胞的制备与转化

一、目的与要求

学习常用的大肠杆菌感受态制备方法和转化技术；掌握感受态的定义、$CaCl_2$ 法的原理；熟悉热激转化的操作流程。

二、实验原理

细菌处于容易吸收外源 DNA 的状态叫感受态。转化是指外源 DNA 导入细菌的过程。$CaCl_2$ 法制备感受态的原理是细菌处于 0℃低温、$CaCl_2$ 低渗溶液中，菌体细胞膨胀成球形，同时钙离子使细胞膜的磷脂双分子层形成液晶结构，细胞膜通透性发生改变转变为感受态。

热激转化是由于混合物中的 DNA 形成抗 DNA 酶的羟基－钙磷酸复合物黏附于细胞表面，经 42℃短时间热激处理，扰动细胞膜出现间隙，促进细胞吸收 DNA 复合物。将细菌放置在非选择性培养基中保温复苏一段时间，促使在转化过程中获得的新的表型（如 Amp^r 等）得到表达，然后将此细菌培养物涂在选择性培养基（如含有氨苄青霉素）上，进行转化结果的筛选。

三、基本步骤

（一）大肠杆菌感受态的制备

1. 从大肠杆菌 BL21 平板上挑取一个单菌落接于含 5 mL 液体 LB 培养基的试管中，37℃，120 r/min 振荡培养过夜。

2. 按 1%~2% 的接种量将活化的菌液转接到新的液体 LB 培养基中，37℃，120~150 r/min 振荡培养 2~3 h（确保菌体浓度 A_{600} 控制在 0.4~0.5，细胞数 $<10^8$/mL，此为实验成功的关键）。

3. 取 1 mL 菌液加入 1.5 mL 离心管，6 000 r/min、4℃离心 5 min 收集菌体细胞。

4. 用 1 mL 冰预冷的 0.1 mol/L CaCl₂ 溶液悬浮沉淀细胞。

5. 6 000 r/min、4℃离心 5 min，再次回收细胞。

6. 用 100 μL 冰预冷的 0.1 mol/L CaCl₂ 溶液再次重悬沉淀。该细胞为感受态细胞（注意：可即时使用，也可冻存备用）。

（二）质粒 DNA 的转化

7. 取 1 μL 的待转化质粒溶液加入 100 μL 感受态细胞，冰浴 30 min。

同时做两个对照管：

（1）受体菌对照：100 μL 感受态细胞 +1 μL 无菌水；

（2）CaCl₂ 溶液对照：100 μL 0.1 mol/L CaCl₂ 溶液 +1 μL 质粒 DNA 溶液。

8. 将离心管置于 42℃水浴 90 s。

9. 迅速插入冰上，放置 2~3 min。

10. 向每个转化的离心管加入 800 μL 新的液体 LB 培养基，37℃培养 30~60 min（慢摇或静置均可）。

11. 复苏培养后，室温或 4℃，6 000 r/min 离心 2 min，在超净台上用移液器弃去 500 μL 上清液（余下约 400 μL 溶液），用移液器吸打混匀重悬沉淀的细胞。

12. 用移液器吸取 100 μL 重悬的细胞液全部转移到含氨苄青霉素（100 μg/mL）的固体 LB 培养基上，并将细胞分散涂布均匀。

13. 培养皿倒置，放入 37℃培养 12~16 h，第二天观察细菌在平板上的生长情况。

四、溶液配制

1. 0.1 mol/L CaCl₂：称取 1.11 g CaCl₂ 固体溶液，用 80 mL 蒸馏水溶解后，定容至 100 mL，121℃湿热灭菌 20 min 后 4℃保存。

2. LB 液体培养基：分别称取 10 g 胰蛋白胨、5 g 酵母提取物和 10 g NaCl 固体，用 800 mL 蒸馏水完全溶解后，用 NaOH 溶液调节 pH 至 7.0~7.2，加水至总体积为 1 L，分装后 121℃湿热灭菌 20 min。

3. LB 固体培养基：按每升液体 LB 培养基加 15 g 琼脂，分装后 121℃湿热灭菌 20 min。

4. 100 mg/mL 氨苄青霉素（Amp）：称取 Amp 固体 100 mg，溶于 1 mL 无菌水中。

有条件的情况下，可以将配制好的 Amp 溶液，用细菌过滤器除菌。置 –20℃冰箱保存。

五、实验材料与耗材

1. 材料：大肠杆菌菌株 BL21（原核表达常用宿主菌），待转化的重组质粒 DNA（含有 Amp^r）、LB 培养基（固体、液体）。
2. 耗材：培养皿，50 mL 三角瓶，小试管，吸头，1.5 mL 离心管，玻璃推子。
3. 试剂：$CaCl_2$，胰蛋白胨，酵母提取物，NaCl，NaOH，氨苄青霉素。

六、仪器与设备

超净工作台，冷冻高速离心机，恒温摇床，恒温培养箱，恒温水浴器，高压灭菌锅、移液器等。

七、注意事项

1. 实验中使用的吸头、培养皿、离心管都需要高压灭菌。
2. 熔化固体培养基后，加入 Amp 试剂时温度不宜过高，以免 Amp 失活。
3. 超净台上无菌操作要求规范，注意安全，避免火灾隐患。
4. 整个实验操作过程中动作尽量温和，保持环境洁净，减少杂菌污染。

答案提示 2-33

八、思考与探索

1. 转化的培养结果是否能准确判断转化成功与否？请说明原因。
2. 如果转化平板培养后出现卫星斑，请分析可能原因。
3. 如何提高转化的效率？

预习小测 2-36

九、实验预习小测

（沙　莉）

实验 7-2　外源基因与质粒载体的连接

一、目的与要求

学习和掌握载体构建的基本原理和实验技术，掌握限制性内切酶酶切技术。

二、实验原理

质粒与外源 DNA 的重组方式主要是通过将质粒线性化，然后将质粒末端与外源 DNA 末端进行连接，形成重组质粒。传统的载体构建是利用酶切产生黏性末端进行连接，TA 克隆是这种方式中最简便最高效的一种。

由于 PCR 反应中所用的聚合酶具有末端转移的活性，通常在 3′ 端加上 A。T 载体是指经过特殊处理的具有 3′-T 突出末端的载体。当 3′-A 片段与 3′-T 载体处于同一体系中，片段与载体会通过碱基互补配对重新成环，实现载体的重组。

三、基本步骤

1. PCR 获得目的基因序列。

2. PCR 产物回收纯化，将 PCR 产物通过琼脂糖凝胶电泳进行分离纯化，在紫外灯下观察，切下目的条带大小的片段，通过胶回收试剂盒纯化 PCR 产物。

3. 连接

使用 pEASY-T1 载体进行目的基因连接。连接体系如下：在 PCR 管中加入 4 μL PCR 产物，加入 pEasy-T1 载体 1 μL，轻轻混合，室温（20～37℃）反应 5 min。反应结束后，将离心管置于冰上。

注意：不同公司的 TA 克隆试剂盒操作说明稍有不同。一般最佳载体使用量为 1 μL；最佳反应体系：3～5 μL，体积不足时可以补充无菌水；最佳反应温度：25℃，如片段是高 GC 含量，可以 37℃反应。推荐使用 PCR 仪控温。

4. 转化

基本步骤可参照"实验 7-1 大肠杆菌感受态细胞的制备与转化"。

（1）加连接产物于 50 μL Transl-Tl 感受态细胞中（在感受态细胞刚刚解冻时加入连接产物），轻弹混匀，冰浴 20～30 min。

（2）42℃水浴热激 30 s，立即置于冰上 2 min。

（3）加 250 μL 平衡至室温的 LB 培养基，150 r/min、37℃培养 1 h。

（4）均匀地涂在准备好的平板上，在 37℃培养箱中过夜培养（为得到较多克隆，10 000 r/min 离心 1 min，弃掉部分上清液，保留 100～150 μL，轻弹悬浮菌体，取全部菌液涂板）。

5. 重组子 PCR 鉴定

每个平板挑取 5～10 个重组子分别至装有 300 μL 含抗生素的 LB 培养基，37℃，250～300 r/min 培养 2～3 h 后，吸取 1 μL 菌液，作为模板进行 PCR 阳性克隆鉴定，PCR 反应体系及程序同目的基因扩增时所用体系及程序相同。

四、实验材料与耗材

1. 材料：pEasy-T1 载体，Transl-Tl 感受态细胞。
2. 耗材：无 RNase 1.5 mL 离心管，PCR 管，吸头，一次性塑料手套。
3. 试剂：PCR 相关试剂，胶回收试剂盒，TA 克隆试剂盒。

五、仪器与设备

凝胶成像系统，离心机，PCR 仪，摇床，移液器等。

六、注意事项

1. 根据不同的插入片段长度调整连接反应的时间。根据试剂盒与插入片段长度的不同，最佳反应时间一般为：①片段长度为 0.1~1 kb（含 1 kb）：5~10 min；②片段长度为 1~2 kb（含 2 kb）：10~15 min；③片段长度为 2~3 kb（含 3 kb）：15~20 min；④片段长度为 3 kb 以上：20~30 min。不同试剂盒有所不同。

2. 可进一步采用在含有 X-gal 和 IPTG 的筛选培养基上，携带载体 DNA 的转化子为蓝色菌落，而携带插入片段的重组质粒转化子为白色菌落。

e 答案提示 2-34

七、思考与探索

1. 提高克隆连接效率的方法有哪些？
2. 如何鉴定载体的自连情况？

e 预习小测 2-37

八、实验预习小测

（崔 凯）

e 教学视频 2-13
碱裂解法提取质粒
DNA

实验 7-3 碱裂解法提取质粒 DNA

一、目的与要求

了解碱裂解法提取质粒的基本原理和主要应用；掌握碱裂解法提取质粒的实验方法和各种试剂在提取过程中的作用。

二、实验原理

碱裂解法是利用细菌染色体 DNA 与质粒 DNA 结构的大小差异来分离质粒 DNA 的。碱性（pH 12.0~12.5）条件可以破坏碱基配对，宿主和质粒 DNA 的碱基之间的氢键被破坏。当条件恢复正常时（加入酸性试剂中和），共价闭合环状的质粒 DNA 会迅速准确地恢复配对，重新形成完全天然的超螺旋分子；而较大的细菌染色体 DNA 分子则难以复性，会交联形成不溶于水的线团结构，缠绕附着在细胞壁碎片上，离心时易被沉淀下来，而质粒 DNA 则留在上清液中，用异丙醇沉淀、70% 乙醇洗涤即可获得质粒 DNA。

三、基本步骤

1. 分装 3 mL LB 液体培养基和 3 μL 氨苄青霉素（50 mg/mL）于 15 mL 玻璃试管中。

2. 用灭菌牙签挑取一白色单克隆，放入玻璃管内，置 37℃ 恒温摇床中以 200 r/min

培养过夜。

3. 菌液 1.0 mL 于 1.5 mL 的离心管中，将离心管放入冷冻离心机，4℃，12 000 r/min，离心 1 min，弃上清液，收集细菌。

4. 加入冰预冷的溶液 I 200 μL，置振荡器上剧烈振荡，悬浮菌体。

5. 加入新配制的溶液 II 400 μL，快速翻转 10 次。冰上放置。

6. 冰浴 3 min 内迅速加入 300 μL 溶液 III，温和翻转 10 次，冰浴 10 min。

7. 离心管放入冷冻离心机，4℃，12 000 r/min，离心 10 min。取上清液于新管中，同时加入 RNase（10 mg/mL）10 μL，混匀，37℃保温 2 hr。

8. 加入等体积氯仿/异戊醇（24∶1），置摇床上振荡 5 min，将离心管放入冷冻离心机，4℃，12 000 r/min，离心 10 min。

9. 取上清液于新的离心管内，加入等体积氯仿/异戊醇（24∶1），摇床振荡 5 min。

10. 离心管于 4℃，12 000 r/min，离心 10 min。取上清液，加入等体积异丙醇，迅速翻转 5 次，冰上放置 10 min。

11. 离心管于 4℃，12 000 r/min，离心 10 min。弃上清液，倒置于吸水纸上。加入 500 μL 70% 乙醇轻振，洗涤沉淀。

12. 离心管于 4℃，12 000 r/min，离心 10 min。弃上清液，沉淀室温干燥 30 min。

13. 加入 20 μL 无菌水溶解 DNA，琼脂糖凝胶电泳检测。

四、溶液配制

1. 1.0 mol/L Tris（pH 8.0）：称取 12.11 g Tris 用约 80 mL 水溶解后，加入约 4.2 mL 浓盐酸将溶液 pH 调到 8.0，最后用 100 mL 容量瓶定容。

2. 0.5 mol/L EDTA（pH 8.0）：称取 18.61 g Na_2EDTA 用约 80 mL 水溶解后，加入约 2 g NaOH，调节 pH 至 8.0，最后用 100 mL 容量瓶定容。

3. 0.4 mol/L NaOH：称取 0.8 g NaOH 固体溶解后定容到 50 mL。

4. 20 g/L SDS：称取 1 g SDS 固体溶解后定容到 50 mL。

5. 5 mol/L 乙酸钾：称取 49 g 乙酸钾固体，溶解后定容到 100 mL。

6. 溶液 I：含有 50 mmol/L 葡萄糖，5 mmol/L Tris·HCl（pH 8.0）和 10 mmol/L EDTA（pH 8.0），121℃湿热灭菌 20 min，4℃贮存。

7. 溶液 II（现用现配）：将等体积 0.4 mol/L NaOH 和 20 g/L SDS 混合，新鲜配制。

8. 溶液 III（pH 4.8）：每 100 mL 溶液中含 5 mol/L 乙酸钾 60 mL，无水乙酸 11.5 mL，H_2O 28.5 mL。121℃湿热灭菌 20 min，4℃贮存。

五、实验材料与耗材

1. 材料：含目的基因质粒的大肠杆菌。

2. 耗材：吸头，1.5 mL 离心管，移液器。

3. 试剂：葡萄糖，Tris，盐酸，NaOH，Na_2EDTA，SDS，乙酸钾，无水乙酸，乙

醇，RNase，氨苄青霉素，异丙醇，氯仿，异戊醇。

六、仪器与设备

移液器（规格：2.5 μL、20 μL、200 μL、1 000 μL），手掌型离心机，恒温水浴，制冰机，超净工作台，恒温培养箱，振荡器，离心机，电泳仪，凝胶成像系统等。

七、注意事项

1. 细菌细胞的裂解是分离质粒 DNA 的关键步骤。通常可以加入溶菌酶或 SDS 促使大肠杆菌细胞裂解。如果细菌细胞没有完全裂解，会明显降低质粒 DNA 的回收率。理想的状况是每一个细菌细胞都能够被充分破裂使质粒 DNA 顺利溢出，而又没有污染过多的染色体分子。

2. 质粒提取过程中，除规定的实验条件外，应尽量保持低温，避免过酸过碱，操作过程中手法要温和，尽可能避免脱氧核糖核酸酶（DNase）对质粒 DNA 的降解和破坏。

3. 电泳时上样孔中如果有白色物质，是由于蛋白质没有去除干净。

4. 质粒共有三种构型：共价闭合环形 DNA（cccDNA），质粒的两条多核苷酸链均保持着完整的环形结构，这样的 DNA 通常呈现超螺旋的 SC 构型；开环 DNA（ocDNA），质粒的两条多核苷酸链中一条保持着完整的环形结构，另一条链出现有一或数个缺口，即 OC 构型；线性分子（l DNA），质粒 DNA 经过适当的核酸限制内切酶切割之后，发生双链断裂而形成线性 DNA 分子，通称 L 构型。相同分子量质粒的三种构型在正常情况下电泳时，迁移速率分别是：超螺旋 DNA 比线性的 DNA 迁移率大，线性 DNA 比开环 DNA 迁移率大。

ⓔ 答案提示 2-35

ⓔ 预习小测 2-38

八、思考与探索

1. 提取质粒 DNA 过程中应该注意的问题是什么？
2. 质粒 DNA 的三种构型及在正常电泳条件下的迁移情况如何？

九、实验预习小测

（赵伊英）

实验 7-4　质粒 DNA 的酶切分析

一、目的与要求

掌握限制性内切酶的特点和功能；掌握限制性内切酶酶切技术。

二、实验原理

限制性内切酶（restriction enzyme，RE）是在细菌内发现的细菌降解外来 DNA 的保护机制。限制性内切酶通过识别特定的核酸双链序列并在特定的位点切断磷酸二酯键。不同的限制性内切酶识别的序列不同。

三、基本步骤

1. 在 PCR 管中，按如下顺序加样

10× 酶切缓冲液	1 μL
*Eco*R Ⅰ 或 *Hind* Ⅲ	1 μL
待分析的质粒 DNA	4 μL
超纯水	4 μL
总体积	10 μL

注意：加入的内切酶可以采用 *Eco*R Ⅰ 和 *Hind* Ⅲ 10× 双酶切缓冲液，2 种内切酶各加 0.5 μL。

2. 37℃，反应 1 h，如果是双酶切需要反应至少 90 min。

3. 琼脂糖电泳检测酶切后的样品。

四、实验材料与耗材

1. 材料：待分析的质粒 DNA。

2. 耗材：冰盒，PCR 管，移液器（规格 10 μL、2.5 μL）。

3. 试剂：限制性内切酶 *Eco*R Ⅰ 和 *Hind* Ⅲ，对应的酶切缓冲液，吸头，琼脂糖。

本实验中使用的 10× 酶切缓冲液、限制性内切酶都直接为商品购买。由于不同产品提供的 10× 酶切缓冲液配方有差异，可以从内切酶说明书上了解配方详情。

五、仪器与设备

恒温水浴锅，冰箱，制冰机，电泳仪，水平电泳槽，凝胶成像系统等。

六、注意事项

1. 酶切系统的加样操作过程尽量保持低温，以免质粒 DNA 降解和内切酶变性。

2. 使用的吸头需高压灭菌处理。

3. 不要将不同供应商提供的内切酶和缓冲液混合使用。

ⓔ 答案提示 2-36

七、思考与探索

1. 进行双酶切和多酶切时需要注意哪些问题？

2. 对于有多个酶切位点的同一条 DNA，是否会有多个酶切片段，该过程受到哪

e 预习小测 2-39

些因素影响？

八、实验预习小测

（崔 凯）

》》模块八 综合实验

实验 8-1 壳聚糖的制备及性质鉴定

一、目的与要求

掌握从不同的材料中制备壳聚糖的方法及原理；根据基本原理自行设计一套从某一材料中制备壳聚糖的方案，掌握各实验方法；掌握多糖分离的基本操作并对比不同方法之间的优缺点；掌握壳聚糖的基本指标鉴定及检测方法。

二、实验原理

壳聚糖是甲壳素的脱乙酰化产物，甲壳素广泛存在于自然界中，如虾壳、蟹壳、蚕蛹、蝇蛆、蘑菇中等。壳聚糖是多糖的一种，其结构单体是 D– 氨基葡萄糖。由于具有可降解性、生物相容性、无毒等优点，被广泛应用于环保、医药、食品加工、化妆品等领域。

多糖的制备及性质鉴定是科学研究领域的重要技术，对于不同的物种和材料，制备和鉴定多糖的方法不同。本实验要求学生利用自己所学的知识和查阅的资料，设计一套可行的方案，从自选的材料中制备出壳聚糖并对其基本的性质进行鉴定。

三、基本步骤

1. 甲壳素的制备方法

原材料的采集及预处理：将虾壳去腿去杂质，流水冲洗，洗净残余的虾肉，60℃烘箱中烘干，用研钵磨碎。脱脂脱蛋白脱钙：称取 10 g 虾壳 3 份，于 100 mL 5% 盐酸溶液中浸泡 4 h 至无气泡冒出，再补加 50 mL 5% 盐酸，浸泡 2 h，除去虾壳中的钙质和无机盐，用去离子水洗至中性。再加 100 mL 100 g/L 氢氧化钠于 50℃水浴中加热 2 h，除去蛋白质和油脂，过滤，用去离子水在 80℃水浴中反应 4 h，水洗至中性，抽滤，烘干。得到白色粉末状甲壳素。

2. 壳聚糖的制备方法

甲壳素脱乙酰化：将甲壳素倒入玻璃烧杯中，加入 5 g/L 高锰酸钾溶液浸泡 1 h，水洗，加入 10 g/L 草酸，再加入 50 g/L 氢氧化钠溶液 140℃下保温 1 h，滤除碱液，

60~70℃下保温 30 min，用水洗至中性，抽滤，烘干。得到样品即为壳聚糖粗制品。

3. 指标鉴定方法

用酸碱滴定法测定脱乙酰度：制备出的壳聚糖为白色半透膜的片状固体，不溶于水和碱，溶于稀酸（如盐酸、乙酸）。准确称取 0.2 g 样品置于 250 mL 三角瓶中，加入 0.2 mol/L 盐酸标准溶液 25 mL，搅拌 0.5~1 h 完全溶解，以甲基橙作指示剂，0.2 mol/L 氢氧化钠标准溶液滴定过量的盐酸至终点。

$$游离氨基酸（\%）=\frac{(C_1V_1-C_2V_2)\times0.16}{G\times0.099\,4}\times100$$

式中，C_1—盐酸标准溶液浓度（mol/L）；

C_2—氢氧化钠标准溶液浓度（mol/L）；

V_1—加入的盐酸标准溶液体积（mL）；

V_2—滴定时耗用的氢氧化钠标准溶液体积（mL）；

0.099 4—壳聚糖中理论氨基含量（16/161）；

G—壳聚糖质量（g）。

$$脱乙酰度（D.D.）=\frac{(-NH_2)\%}{9.94\%}\times100\%$$

四、溶液配制

1. 100 g/L 氢氧化钠标准溶液：将 10 g 氢氧化钠用蒸馏水溶解后，定容至 100 mL。

2. 0.2 mol/L 氢氧化钠标准溶液：将 0.8 g 氢氧化钠用蒸馏水溶解后，定容至 100 mL。

3. 5% 盐酸溶液：将 2.5 mL 浓盐酸用蒸馏水定容至 100 mL。

4. 5 g/L 高锰酸钾溶液：取 0.5 g 高锰酸钾用蒸馏水溶解后，定容至 100 mL 中。

5. 10 g/L 草酸溶液：将 1 g 草酸用蒸馏水溶解后，定容至 100 mL 中。

6. 0.2 mol/L 盐酸标准溶液：取 1.67 mL 盐酸用蒸馏水定容至 100 mL 中。

五、实验材料与耗材

1. 材料：新鲜虾壳。

2. 耗材：锥形瓶（250 mL），滴管，烧杯，量筒，研钵，布氏漏斗及抽滤瓶。

六、仪器与设备

恒温水浴锅，电子天平等。

七、注意事项

1. 溶解样品时的温度不宜过高，以免发生盐酸消耗于壳聚糖的主链水解，造成误差，一般是在室温下进行溶解。

2. 样品的脱乙酰度越高，溶解越快，反之越慢，溶解甚至要放置过夜。

3. 壳聚糖的脱乙酰度是不均匀的，常会造成样品的溶解不完全，3 次测定的数据相差太大，则需要重做。

4. 样品必须是中性的，否则会影响测定结果。如果不是中性的，应该重新洗涤至中性，或者作校正。

ⓔ 答案提示 2-37

八、思考与探索

1. 壳聚糖的脱乙酰度受到哪些因素影响，如何提高壳聚糖的提取率？

2. 制备壳聚糖时为什么要在沸水中反应？

3. 为什么制备壳聚糖时所用氢氧化钠浓度不同，得到对壳聚糖脱乙酰度不同？

（邓加聪 郑 虹）

实验 8-2 重组蛋白的异源表达、分离纯化和结晶

一、目的与要求

掌握原核表达目的基因的方法和意义；掌握重组蛋白亲和层析分离纯化的方法与原理；了解蛋白质结晶的方法。

二、实验原理

将外源基因克隆到原核表达载体 pET28a 中，转化到宿主菌——大肠杆菌中表达。携带有目的蛋白基因的 pET28a 质粒在大肠杆菌 BL21 中，在 37℃、IPTG 诱导下，超量表达携带有 6 个连续组氨酸残基的目的蛋白，再利用镍离子螯合的亲和配体从重组大肠杆菌菌液中纯化带有 6 个组氨酸标签的重组蛋白。组氨酸是具有杂环的氨基酸，每个组氨酸含一个咪唑基团，对多种带正电的物质如金属离子 Cu^{2+}、Ni^{2+}、Fe^{3+}、Co^{2+}、Zn^{2+} 有较强亲和力。亲和配体 Ni-NTA 葡聚糖含阳离子（Ni^{2+}），对组氨酸有高度亲和作用。通过原核表达的含 6 个连续组氨酸标签目的蛋白可通过亲和纯化方法进行分离纯化。蛋白质的纯化程度可通过聚丙烯酰胺凝胶电泳进行分析。

要了解蛋白质的结构，通常要将获得的纯化蛋白进行结晶。蛋白质结晶是在结晶条件下，蛋白质从过饱和状态中析出晶核，随后游离的蛋白质分子围绕晶核不断堆积，最终长出蛋白质晶体的过程。纯化的蛋白质样品用于晶体筛选。通常情况，蛋白质越纯，生长晶体概率越大。蛋白质结晶包括形成晶核、晶体生长和停止生长 3 个阶段。形成晶核指的是蛋白质分子自发地聚集形成聚集体的过程。晶核通常是由几十至几百个蛋白质分子有序排列形成的，蛋白质溶液浓度过低则无法形成晶核，浓度过高会使蛋白质分子聚集形成沉淀。只有当蛋白质溶液浓度大于某一临界值时，会促进蛋白质分子有效接触形成晶核。同时晶体生长需要加入合适浓度的沉淀剂控制晶核的数量和生长速度。晶体生长指的是形成晶核后，蛋白质分子不断从晶核上聚集和解离，当聚集速率高于解离速率时，晶体逐渐变大。在晶体生长过程中，游离的蛋白质分子

越来越少，聚集速率逐渐降低。直到与解离速率相等时，晶体停止生长。

三、基本步骤

1. 重组蛋白在大肠杆菌中的诱导表达及电泳检测

（1）挑取转化有质粒的单菌落，接种于 3 mL 选择性 LB 液体培养中，37℃，200 r/min 振荡培养过夜。

（2）次日将培养过夜的菌液 200 μL 再接种于 10 mL（1∶20 ~ 1∶100）选择性 LB 液体培养基中，37℃，200 r/min 振荡培养至吸光度 $A_{600} \approx 0.4 ~ 1.0$。取 1 mL 样本作为诱导前标本，4℃，12 000 r/min 离心 1 min 收集菌体沉淀，–20℃冻存备用。

（3）加入 1 mol/L IPTG 于菌液中，使 IPTG 终浓度为 1 mmol/L，37℃，200 r/min 振荡培养 3 ~ 5 h，取 1 mL 样本作为诱导后标本，同上法收集菌体深沉，–20℃冻存备用。

（4）将诱导前后菌体沉淀用 20 ~ 40 μL PBS（pH 8.0）重悬，加入等体积 2×SDS 上样缓冲液，煮沸加热 5 min，SDS-PAGE 电泳分离，电泳结束后，经染色、脱色后观察结果（该步骤具体操作方法同实验 1–9）。

（5）选取诱导成功的细菌克隆，取 2 mL 菌液接种于 100 mL 选择性 LB 培养液中，37℃，200 r/min 振荡培养至吸光度 $A_{600} \approx 0.4 ~ 1.0$（最好 0.6，大约需 3 h）。菌液分装到 3 个 50 mL 离心管，4℃，11 000 r/min 离心 10 min，收集菌体沉淀，于 –20℃ 冻存备用。

2. 重组蛋白质的分离纯化（Ni–NTA 柱亲和层析）

（1）将上法诱导培养后收集的菌体分别加入 10 mL 1×PBS 重悬沉淀。

（2）4℃，11 000 r/min 离心 10 min。

（3）弃上清液，各加 10 mL 的 Buffer A 重悬沉淀。

（4）将重悬沉淀，放在冰水混合物上使用 60% 的功率，以超声 5 s、间歇 5 s 的频率对菌体进行破碎 30 min。若还有块状物或者沉淀，可再重复一次。

（5）将 3 管破碎完成的菌体合成 1 管，4℃，11 000 r/min 离心 10 min，收集上清液，供亲和层析纯化或保存于 –20℃。

（6）将 Ni–NTA 装柱，并将 Ni–NTA 柱用无菌水清洗 2 个柱体积，再用 Buffer A 平衡 2 个柱体积，流速 2 mL/min。

（7）将步骤（5）中上清液加入镍柱，4℃静置 1 h 后放液，流速 1 mL/min，收集流过液，取 100 μL 用于 SDS-PAGE 检测。

（8）往镍柱中加入 1 个柱体积 Buffer B 清洗柱子，流速 2 mL/min，重复 4 次，每次收集流过液 100 μL 用于 SDS-PAGE 检测。

（9）往柱中加入 Buffer C 进行洗脱，共洗脱 5 个柱体积，并在冰上收集到 50 mL 离心管中，取 100 μL 用于 SDS-PAGE 检测。

3. 纯化蛋白质的浓度测定

该步骤具体操作方法同实验 1–8。

4. 纯化表达蛋白质的 SDS–PAGE 检测

该步骤具体操作方法同实验 1–9。

5. 蛋白质超滤浓缩

（1）根据目标蛋白质分子量大小选择合适的浓缩管，并将得到的高纯度蛋白质洗脱液加入浓缩管的浓缩室中，将浓缩室与分离液收集管组装起来，$14\,000 \times g$ 离心，离心时间根据需要的浓缩倍数确定，通常离心 5 min 约浓缩 2 倍，10 min 约 4 倍，15 min 约 6 倍，20 min 约 8 倍，30 min 约 10 倍。

（2）离心结束后，将内管倒置套在另一个干净的离心管中，3 000 r/min 离心 20 min 收集浓缩后的样品。

（3）将蛋白质浓缩至 20 mg/mL 左右后，将溶液混匀后分装（50 μL/ 管），用液氮速冻于 –70 ℃ 保存待结晶。

6. 重组蛋白的结晶

（1）蛋白质晶体的培养：采用气相扩散法在 96 孔结晶板中培养蛋白质晶体。向每个池液孔中加入 45 μL 结晶液，共 7 × 96 种结晶液条件。

（2）蛋白质样品的准备：将蛋白质样品稀释成三个梯度，5 mg/mL、10 mg/mL、15 mg/mL。在每个结晶孔中加入 0.5 μL 蛋白质样品溶液，确保形成无气泡的均匀液滴。

（3）结晶液的添加：从每个池液吸取 0.5 μL 结晶液，加入至含有蛋白质样品的结晶孔中，使结晶液与蛋白质样品液滴自然融合。

（4）结晶板的封闭：在结晶液与蛋白质样品混合后，小心封闭结晶板，并将其置于 20 ℃ 晶体培养箱中培养，保证环境稳定，防止振动影响晶体生长。

（5）晶体生长的观察与记录：在结晶后的首周内，每天观察晶体生长状态并做记录，记录晶体的形状、大小、数量等特征，用显微镜拍摄晶体的照片，之后每隔几天观察。如果没有晶体生长，尝试改变结晶条件，如蛋白质浓度、沉淀剂浓度、pH、温度等，并重复上述步骤。

（6）结晶条件的优化：基于晶体生长数据，优化蛋白质结晶条件，组合不同浓度的沉淀剂和蛋白质溶液，筛选出最佳结晶条件。根据优化结果，至少重复 3 次结晶实验，以获得适合进行 X 射线衍射数据收集的蛋白质晶体。

四、溶液配制

1. LB 培养基：蛋白胨 10 g，酵母提取物 5 g，氯化钠 10 g，用超纯水配至 1 000 mL，固体培养基添加 1% 的琼脂。

2. PBS：NaCl 8 g，KCl 0.2 g，Na_2HPO_4 1.42 g，KH_2PO_4 0.27 g，溶于 900 mL 纯水中，调节 pH 至 8.0，加水定容至 1 L。

3. 1 mol/L IPTG：2.38 g IPTG 溶于 10 mL ddH_2O 中，0.22 μm 滤膜抽滤，–20 ℃ 保存。

4. Buffer A 溶液：50 mmol/L NaH_2PO_4（7.800 5 g/L），30 mmol/L NaCl（17.532 g/L），10 mmol/L 咪唑（imidazole）（0.680 6 g/L）（pH 8.0）。

5. Buffer B 溶液：50 mmol/L NaH$_2$PO$_4$（7.800 5 g/L），30 mmol/L NaCl（17.532 g/L），20 mmol/L 咪唑（imidazole）（1.3 616 g/L）（pH 8.0）。

6. Buffer C 溶液：50 mmol/L NaH$_2$PO$_4$（7.800 5 g/L）、30 mmol/L NaCl（17.532 g/L），250 mmol/L 咪唑（imidazole）（17.02 g/L）（pH 8.0）。

7. 100 mg/mL 硫酸卡那霉素：1.0 g 溶于 10 mL 超纯水中，0.22 μm 滤膜过滤，分装到 1.5 mL 离心管，−20℃保存。

8. 饱和硫酸铵溶液：称取 76.7 g (NH$_4$)$_2$SO$_4$ 溶解定容成 100 mL。

9. 结晶液：沉淀剂 PEG3350，添加 1 mol/L NaCl，沉淀剂浓度从 16% 以 2% 的梯度逐渐增加至 30%，形成不同浓度梯度试剂组合。

五、实验材料与耗材

1. 材料：大肠杆菌 BL21 菌株，含目的基因 pET-28a 重组质粒 DNA。

2. 耗材：Ni-NTA 层析柱，1.5 mL 离心管，50 mL 离心管，各种规格吸头（1 000 μL、200 μL、10 μL），蛋白质浓缩管，蛋白质结晶板，烧杯。

3. 试剂：蛋白胨，酵母提取物，NaCl，硫酸卡那霉素，SDS-PAGE 相关试剂，蛋白质浓度测定相关试剂，IPTG，NaH$_2$PO$_4$，咪唑，硫酸铵。

六、仪器与设备

制冰机，控温摇床，高速冷冻离心机，超声波组织破碎仪，电磁炉，移液器，超净工作台，层析柱，培养箱等。

七、注意事项

1. 选择表达载体时，要根据所表达蛋白质的最终应用考虑。如为方便纯化，可选择融合表达；如为获得天然蛋白，可选择非融合表达。

2. 溶解 IPTG 诱导的重组大肠杆菌，务必用 SDS-PAGE 方法确认重组蛋白是否表达、表达量以及表达于上清液还是沉淀。

3. 菌液吸光度值要小于 1，否则细胞太浓太老，不易破碎，且质粒易丢失。

4. 诱导时间最好做一个梯度，不同蛋白质诱导时间需摸索。

5. 诱导温度适当摸索：25℃、30℃。

6. 超声条件可视实际情况改变，只要使菌体裂解充分即可，即菌液清亮不黏稠。

答案提示 2-38

八、思考与探索

1. 如何确定表达的蛋白质为可溶性蛋白或不可溶性蛋白？如何避免表达的蛋白质为不可溶性蛋白？

2. 如果需要的目的蛋白不含有标签，如何选择纯化方式？

（陈观水）

>>> 附 录

一、实验室安全知识及实验注意事项

（一）安全知识

在生物化学实验室中，经常与毒性很强、有腐蚀性、易燃烧和具有爆炸性的化学药品直接接触，常常使用玻璃和瓷质器皿以及在煤气、水、电等高温电热设备的环境下进行着紧张而细致的工作，因此，必须十分重视安全工作。

1. 进入实验室开始工作前应了解煤气总阀门、水阀门及电闸所在处。离开实验室时，一定要将室内检查一遍，应将水、电、煤气的开关关好，门窗锁好。

2. 使用煤气灯时，应先将火柴点燃，一手执火柴靠近灯口，一手慢开煤气阀门。不能先开煤气阀门，后燃火柴。灯焰大小和火力强弱，应根据实验的需要进行调节。用火时，应做到火着人在，人走火灭。

3. 使用电器设备（如烘箱、恒温水浴、离心机、电炉等）时，严防触电；绝不可用湿手或在眼旁视时开关电闸和电器开关。应该用试电笔检查电器设备是否漏电，凡是漏电的仪器，一律不能使用。

4. 使用浓酸、浓碱，必须极为小心地操作，防止溅失。用吸量管量取这些试剂时，必须使用橡皮球或洗耳球，绝对不能用口吸取。若不慎溅在实验台或地面，必须及时用湿抹布擦洗干净。如果触及皮肤应立即治疗。

5. 使用可燃物，特别是易燃物（如乙酸、丙酮、乙醇、苯、金属钠等）时，应特别小心。不要大量放在桌上，更不应放在靠近火焰处。只有在远离火源时，或将火焰熄灭后，才可大量倾倒易燃液体。低沸点的有机溶剂不准在火焰上直接加热，只能在水浴上利用回流冷凝管加热或蒸馏。

6. 如果不慎倾出了相当量的易燃液体，则应按下法处理：

（1）立即关闭室内所有的火源和电加热器。

（2）关门，开启小窗及窗户。

（3）用毛巾或抹布擦拭洒出的液体，并将液体拧到大的容器中，然后再倒入带塞的玻璃瓶中。

7. 用油浴操作时，应小心加热，不断用温度计测量，不要使温度超过油的燃烧温度。

8. 易燃和易爆炸物质的残渣（如金属钠、白磷、火柴头）不得倒入污物桶或水槽中，应收集在指定的容器内。

9. 废液，特别是强酸和强碱不能直接倒在水槽中，应先稀释，然后倒入水槽，再用大量自来水冲洗水槽及下水道。

10. 毒物应按实验室的规定办理审批手续后领取，使用时严格操作，用后妥善处理。

（二）实验注意事项

1. 挪动干净玻璃仪器时，勿使手指接触仪器内部。

2. 量瓶是量器，不要用量瓶作盛器。量瓶等带有磨口玻璃塞的仪器的塞子，不要盖错。带玻璃塞的仪器和玻璃瓶等，如果暂时不使用，要用纸条把瓶塞和瓶口隔开。

3. 洗净的仪器要放在架上，用滤纸作记录。

4. 不要用石蜡封闭精细药品的瓶口，以免掺混。

5. 标签纸的大小应与容器相称，或用大小相当的白纸，绝对不能用滤纸。标签上要写明物质的名称、规格和浓度、配制的日期及配制人。标签应贴在试剂瓶或烧杯的 2/3 处，试管等细长形容器则贴在上部。

6. 使用铅笔写标记时，要写在玻璃仪器的磨砂面处。如用玻璃蜡笔或水不溶性油漆笔，则写在玻璃容器的光滑面上。

7. 取用试剂和标准溶液后，需立即将瓶盖严，放回原处。取出的试剂和标准溶液，如未用尽，切勿倒回瓶内，以免带入杂质。

8. 凡是发生烟雾、有毒气体和有臭味气体的实验，均应在通风橱内进行。橱门应紧闭，非必要时不能打开。

9. 用实验动物进行实验时，不许戏耍动物。进行杀死或解剖等操作，必须按照规定方法进行。

10. 使用贵重仪器如分析天平、比色计、分光光度计、酸度计、冷冻离心机、层析设备等，应十分重视，加倍爱护。使用前应熟知使用方法。若有问题，随时请指导实验的教师解答。使用时，要严格遵守操作规程。发生故障时，应立即关闭仪器，请告知管理人员，不得擅自拆修。

11. 一般容量仪器的容积都是在 20℃下校准的。使用时如温度差异在 5℃以内，容积改变不大，可以忽略不计。

二、常用缓冲溶液的配制

常用的某些缓冲液列在下表中。绝大多数缓冲液的有效范围在其 pK_a 值左右 1 pH 单位。

酸或碱	pK_{a1}	pK_{a2}	pK_{a3}
磷酸	2.1	7.2	12.3
柠檬酸	3.1	4.8	5.4
碳酸	6.4	10.3	—
乙酸	4.8	—	—
巴比妥酸	3.4	—	—
Tris（三羟甲基氨基甲烷）	8.3	—	—

　　选择实验的缓冲系统时，要特别慎重。因为影响实验结果的因素有时并不是缓冲液的 pH，而是缓冲液中的某种离子。选用下列缓冲系统时应加以注意。

　　硼酸盐：这个化合物能与许多化合物（如糖）生成复合物。

　　柠檬酸盐：柠檬酸离子能与 Ca^{2+} 结合，因此不能在 Ca^{2+} 存在时使用。

　　磷酸盐：它可能在一些实验中作为酶的抑制剂甚至代谢物起作用。重金属离子能与该溶液生成磷酸盐沉淀，而且它在 pH 7.5 以上的缓冲能力很小。

　　Tris：这个缓冲液能在重金属离子存在时使用，但也可能在一些系统中起抑制剂的作用。它的主要缺点是温度效应（该点常被忽视）。室温时 pH 7.8 的 Tris 缓冲液在 4℃时的 pH 为 8.4，在 37℃时为 7.4，因此一种物质在 4℃制备时到 37℃测量时其氢离子浓度可增加 10 倍之多。Tris 在 pH 7.5 以下的缓冲能力很弱。

　　由一定物质所组成的溶液，在加入一定量的酸或碱时，其氢离子浓度改变甚微或几乎不变，该溶液被称为缓冲溶液，这种作用称为缓冲作用，其溶液内所含物质称为缓冲剂。缓冲剂的组成多为弱酸及这种弱酸与强碱所组成的盐，或弱碱及这种弱碱与强酸所组成的盐。调节二者的比例可以配制成各种 pH 的缓冲液。

　　1. 甘氨酸 – 盐酸缓冲液（0.05 mol/L）

　　X mL 0.2 mol/L 甘氨酸 + Y mL 0.2 mol/L HCl 再加水稀释至 200 mL。

　　甘氨酸分子量为 75.07，0.2 mol/L 甘氨酸溶液含 15.0 g/L。

pH	X	Y	pH	X	Y
2.2	50	44.0	3.0	50	11.4
2.4	50	32.4	3.2	50	8.2
2.6	50	24.2	3.4	50	6.4
2.8	50	16.8	3.6	50	5.0

　　2. 邻苯二甲酸 – 盐酸缓冲液（0.05 mol/L）

　　X mL 0.2 mol/L 邻苯二甲酸氢钾 + Y mL 0.2 mol/L HCl，再加水稀释到 200 mL。

　　0.2 mol/L 邻苯二甲酸氢钾分子量为 204.23，0.2 mol/L 邻苯二甲酸氢钾溶液含 40.85 g/L。

pH（20℃）	X	Y	pH（20℃）	X	Y
2.2	5	4.670	3.2	5	1.470
2.4	5	3.960	3.4	5	0.990
2.6	5	3.295	3.6	5	0.557
2.8	5	2.642	3.8	5	0.263
3.0	5	2.032			

3. 磷酸氢二钠－柠檬酸缓冲液

Na_2HPO_4 分子量 141.98；0.2 mol/L 溶液为 28.40 g/L。

$Na_2HPO_4 \cdot 2H_2O$ 分子量 78.05；0.2 mol/L 溶液为 35.61 g/L。

$C_6H_8O_7 \cdot H_2O$ 分子量 210.14；0.1 mol/L 溶液为 211.01 g/L。

pH	0.2 mol/L Na_2HPO_4	0.1 mol/L 柠檬酸	pH	0.2 mol/L Na_2HPO_4	0.1 mol/L 柠檬酸
2.2	0.40	19.60	5.2	10.72	9.28
2.4	1.74	18.76	5.4	11.15	8.85
2.6	2.18	17.82	5.6	11.60	8.40
2.8	3.17	16.83	5.8	12.09	7.91
3.0	4.11	15.89	6.0	12.63	7.37
3.2	4.94	15.06	6.2	13.22	6.78
3.4	5.70	14.30	6.4	13.85	6.15
3.6	6.44	13.56	6.6	14.55	5.45
3.8	7.10	12.90	6.8	15.45	4.55
4.0	7.71	12.29	7.0	16.47	3.53
4.2	8.28	11.72	7.2	17.39	2.61
4.4	8.82	11.18	7.4	18.17	1.83
4.6	9.38	1065	7.6	18.73	1.27
4.8	9.86	10.14	7.8	19.15	0.85
5.0	10.30	9.70	8.0	19.45	0.55

4. 柠檬酸－氢氧化钠－盐酸缓冲液

使用时可以每升加入 1 g 酚，若最后 pH 有变化，再用少量 500 g/L 氢氧化钠溶液和浓盐酸调解，冰箱保存。

pH	钠离子浓度 / mol/L	$C_6O_7H_8 \cdot H_2O$ 柠檬酸 /g	NaOH 97% 氢氧化钠 /g	HCl（浓）盐酸 /mL	最终体积 /L
2.2	0.20	210	84	160	10
3.1	0.20	210	83	116	10
3.3	0.20	210	83	106	10
4.3	0.20	210	83	45	10
5.3	0.35	245	144	68	10
5.8	0.45	285	186	105	10
6.5	0.38	266	156	126	10

5. 柠檬酸 – 柠檬酸钠缓冲液（0.1 mol/L）

柠檬酸分子量 210.14；0.1 mol/L 溶液为 21.01 g/L。

柠檬酸钠分子量 294.12；0.1 mol/L 溶液为 29.41 g/L。

pH	0.1 mol/L 柠檬酸 /mL	0.1 mol/L 柠檬酸 /mL	pH	0.1 mol/L 柠檬酸 /mL	0.1 mol/L 柠檬酸钠 /mL
3.0	18.6	1.4	5.0	8.2	11.8
3.2	17.2	28	5.2	7.3	12.7
3.4	16.0	4.0	5.4	6.4	13.6
3.6	14.9	5.1	5.6	5.5	14.5
3.8	14.0	6.0	5.8	4.7	15.3
4.0	13.1	6.9	6.0	3.8	16.2
4.2	12.3	7.7	6.2	2.8	17.2
4.4	11.4	8.6	6.4	2.0	18.0
4.6	10.3	9.7	6.6	1.4	18.6
4.8	9.2	10.8			

6. 乙酸 – 乙酸钠缓冲液（0.2 mol/L）

NaAc·2H$_2$O 分子量 136.09；0.2 mmol/L 溶液为 27.22 g/L。

pH	0.2 mol/L NaAc/mL	0.2 mol/L HAc/mL	pH	0.2 mol/L NaAc/mL	0.2 mol/L HAc/mL
3.7	10.0	90.0	4.8	59.0	41.0
3.8	12.0	88.0	5.0	70.0	30.0
4.0	18.0	82.0	5.2	79.0	21.0
4.2	26.5	73.5	5.4	86.0	14.0
4.4	37.0	63.0	5.6	91.0	9.0
4.6	49.0	51.0	5.8	94.0	6.0

7. 磷酸盐缓冲液

（1）磷酸氢二钠 – 磷酸二氢钠缓冲液（0.2 mol/L）

Na$_2$HPO$_4$·2H$_2$O 分子量 178.05；0.2 mol/L 溶液为 35.61 g/L。

Na$_2$HPO$_4$·12H$_2$O 分子量 358.22；0.2 mol/L 溶液为 71.64 g /L。

NaH$_2$PO$_4$·H$_2$O 分子量 138.01；0.2 mol/L 溶液为 27.6 g/L。

NaH$_2$PO$_4$·2H$_2$O 分子量 156.03；0.2 mol/L 溶液为 31.21 g/L。

pH	0.2 mol/L Na$_2$HPO$_4$/mL	0.2 mol/L NaH$_2$PO$_4$/mL	pH	0.2 mol/L Na$_2$HPO$_4$/mL	0.2 mol/L NaH$_2$PO$_4$/mL
5.8	8.0	92.0	7.0	61.0	39.0
5.9	10.0	90.0	7.1	67.0	33.0

续表

pH	0.2 mol/L Na$_2$HPO$_4$/mL	0.2 mol/L NaH$_2$PO$_4$/mL	pH	0.2 mol/L Na$_2$HPO$_4$/mL	0.2 mol/L NaH$_2$PO$_4$/mL
6.0	12.3	87.7	7.2	72.0	28.0
6.1	15.0	85.0	7.3	77.0	23.0
6.2	18.5	81.5	7.4	81.0	19.0
6.3	22.5	77.5	7.5	84.0	16.0
6.4	26.5	73.5	7.6	87.0	13.0
6.5	31.5	68.5	7.7	89.5	10.5
6.6	37.5	62.5	7.8	91.5	8.5
6.7	43.5	56.5	7.9	93.0	7.0
6.8	49.0	51.0	8.0	94.7	5.3
6.9	55.0	45.0			

（2）磷酸氢二钠 – 磷酸二氢钾缓冲液（1/15 mol/L）

Na$_2$HPO$_4$·2H$_2$O 分子量 178.05；1/15 mol/L 溶液为 11.870 g/L。

KH$_2$PO$_4$ 分子量 136.09；1/15 mol/L 溶液为 9.078 g/L。

pH	1/15 mol/L Na$_2$HPO$_4$/mL	1/15 mol/L KH$_2$PO$_4$/mL	pH	1/15 mol/L Na$_2$HPO$_4$/mL	1/15 mol/L KH$_2$PO$_4$/mL
4.02	0.10	9.90	7.17	7.00	3.00
5.29	0.50	9.50	7.38	8.00	2.00
5.91	1.00	9.00	7.73	9.00	1.00
6.24	2.00	8.00	8.04	9.50	0.50
6.47	3.00	7.00	8.34	9.75	0.25
6.64	4.00	6.00	8.67	9.99	0.10
6.81	5.00	5.00	8.18	10.00	
6.98	6.00	4.00			

8. 磷酸二氢钾 – 氢氧化钠缓冲液（pH 5.8 ~ 8.0）

50 mL 0.1 mol/L KH$_2$PO$_4$（13.6 g/L）+ X mL 0.1 mol/L NaOH 加水稀释至 100 mL。

pH	0.1 mol/L KH$_2$PO$_4$/mL	0.1 mol/L NaOH/mL	pH	0.1 mol/L KH$_2$PO$_4$/mL	0.1 mol/L NaOH/mL
5.8	50	3.6	7.0	50	29.1
5.9	50	4.6	7.1	50	32.1
6.0	50	5.6	7.2	50	34.7

pH	0.1 mol/L KH$_2$PO$_4$/mL	0.1 mol/L NaOH/mL	pH	0.1 mol/L KH$_2$PO$_4$/mL	0.1 mol/L NaOH/mL
6.1	50	6.8	7.3	50	37.0
6.2	50	8.1	7.4	50	39.1
6.3	50	9.7	7.5	50	40.9
6.4	50	11.6	7.6	50	42.4
6.5	50	13.9	7.7	50	43.5
6.6	50	16.4	7.8	50	44.5
6.7	50	19.3	7.9	50	45.3
6.8	50	22.4	8.0	50	46.1
6.9	50	25.9			

9. 巴比妥钠 – 盐酸缓冲液（18℃）

巴比妥钠分子量 206.18；0.04 mol/L 溶液为 8.25 g/L。

pH	0.04 mol/L 巴比妥溶液 /mL	0.2 mol/L 盐酸 /mL	pH	0.04 mol/L 巴比妥溶液 /mL	0.2 mol/L 盐酸 /mL
6.8	100	18.4	8.4	100	5.21
7.0	100	17.8	8.6	100	3.82
7.2	100	16.7	8.8	100	2.52
7.4	100	15.3	9.0	100	1.65
7.6	100	13.4	9.2	100	1.13
7.8	100	11.47	9.4	100	0.70
8.0	100	9.36	9.6	100	0.35
8.2	100	7.21			

10. Tris– 盐酸缓冲液（0.05 mol/L，25℃）

50 mL 0.1 mol/L 三羟基氨基甲烷（Tris）溶液与 X mL 0.1 mol/L 盐酸混匀后，加水稀释至 100 mL。

三羟基氨基甲烷（Tris）分子量 121.4；0.1 mol/L 溶液为 12.114 g/L。Tris 溶液可从空气中吸收二氧化碳，使用时注意将瓶盖严。

pH	X/mL	pH	X/mL
7.10	45.7	8.10	26.2
7.20	44.7	8.20	22.9
7.30	43.4	8.30	19.9

续表

pH	X/mL	pH	X/mL
7.40	42.0	8.40	17.2
7.50	40.3	8.50	14.7
7.60	38.5	8.60	12.4
7.70	36.6	8.70	10.3
7.80	34.5	8.80	8.5
7.90	32.0	8.90	7.0
8.00	29.2		

11. 硼酸 – 硼砂缓冲液（0.2 mol/L 硼酸）

硼砂 $Na_2B_4O_7 \cdot 10H_2O$ 分子量 381.43；0.05 mol/L 溶液（0.2 mol/L 硼酸根）含 19.07 g/L。

硼酸 H_3BO_3 分子量 61.84；0.2 mol/L 溶液为 12.37 g/L。

硼砂易失去结晶水，必须用带塞的瓶密封。

pH	0.05 mol/L 硼砂 /mL	0.2 mol/L 硼酸 /mL	pH	0.05 mol/L 硼砂 /mL	0.2 mol/L 硼酸 /mL
7.4	1.0	9.0	8.2	3.5	6.5
7.6	1.5	8.5	8.4	4.5	5.5
7.8	2.0	8.0	8.7	6.0	4.0
8.0	3.0	7.0	9.0	8.0	2.0

12. 甘氨酸 – 氢氧化钠缓冲液（0.05 mol/L）

X mL 0.2 mol/L 甘氨酸 + Y mL 0.2 mol/L NaOH 加水稀释至 200 mL。

甘氨酸分子量 75.07；0.02 mol/L 溶液含 15.01 g/L。

pH	X	Y	pH	X	Y
8.6	50	4.0	9.6	50	22.4
8.8	50	6.0	9.8	50	27.4
9.0	50	8.8	10.0	50	32.0
9.2	50	12.0	10.4	50	38.6
9.4	50	16.8	10.6	50	45.5

13. 硼砂 – 氢氧化钠缓冲液（0.05 mol/L 硼酸根）

X mL 0.0.5 mol/L 硼砂 + Y mL 0.2 mol/L NaOH 加水稀释至 200 mL。

硼砂 $Na_2B_4O_7 \cdot 10H_2O$ 分子量 381.43；0.05 mol/L 溶液为 19.07 g/L。

pH	X	Y	pH	X	Y
9.3	50	6.0	9.8	50	34.0
9.4	50	11.0	10.0	50	43.0
9.6	50	23.0	10.1	50	46.0

14. 碳酸钠 – 碳酸氢钠缓冲液（0.1 mol/L）

Ca^{2+}、Mg^{2+} 存在时不得使用。

$Na_2CO_3 \cdot 10H_2O$ 分子量 286.2；0.1 mol/L 溶液为 28.62 g/L。

$NaHCO_3$ 分子量 84.0；0.1 mol/L 溶液为 8.40 g/L。

pH		0.1 mol/L Na_2CO_3/mL	0.1 mol/L Na_2HCO_3/mL
20℃	30℃		
9.16	8.77	1	9
9.40	9.12	2	8
9.51	9.40	3	7
9.78	9.50	4	6
9.90	9.72	5	5
10.14	9.90	6	4
10.28	10.08	7	3
10.53	10.28	8	2
10.83	10.57	9	1

三、核酸电泳相关试剂、缓冲液的配制方法

1. Tris– 乙酸 –EDTA 缓冲液（50×TAE Buffer pH 8.5）

组分浓度：2 mmol/L Tris– 乙酸，100 mmol/L EDTA。

配制方法：（1）称量下列试剂，置于 1 L 烧杯中，Tris 为 242 g；Na_2–EDTA · $2H_2O$ 为 37.2 g。

（2）向烧杯中加入约 800 mL 去离子水，充分搅拌溶解。

（3）加入 57.1 mL 乙酸，充分搅拌。

（4）加入去离子水将溶液定容至 1 L 后，室温保存。

2. Tris– 硼酸 –EDTA 缓冲液（10×TBE Buffer pH 8.3）

组分浓度：2 mmol/L Tris– 硼酸，20 mmol/L EDTA。

配制方法：（1）称量下列试剂，置于 1 L 烧杯中，Tris 为 108 g；Na_2–EDTA $2H_2O$ 为 7.44 g；硼酸为 55 g。

（2）向烧杯中加入约 800 mL 去离子水，充分搅拌溶解。

（3）加入去离子水将溶液定容至 1 L 后，室温保存。

3. DNA 电泳上样缓冲液（6×Loading Buffer）

组分浓度：30 mmol/L EDTA，36%（V/V）甘油，0.05%（m/V）二甲苯青，0.05%（m/V）溴酚蓝。

配制方法：（1）称量下列试剂，置于 500 mL 烧杯中，EDTA 为 4.4 g；溴酚蓝为 250 mg；二甲苯青为 250 mg。

（2）向烧杯中加入约 200 mL 去离子水，加热充分搅拌溶解。

（3）加入约 180 mL 的甘油后，使用 2 mol/L NaOH 调节 pH 至 7.0。

（4）用去离子水将溶液定容至 500 mL 后，室温保存。

4. RNA 电泳上样缓冲液（10×Loading Buffer）

组分浓度：10 mmol/L EDTA，50%（V/V）甘油，0.25%（m/V）二甲苯青，0.25%（m/V）溴酚蓝。

配制方法：（1）称量下列试剂，置于 10 mL 离心管中，0.5 mol/L EDTA 200 μL；溴酚蓝为 25 mg；二甲苯青为 25 mg。

（2）向离心管中加入约 4 mL DEPC 处理水，充分搅拌溶解。

（3）加入约 5 mL 的甘油后，充分混匀。

（4）用 DEPC 处理水定容至 10 mL 后，室温保存。

四、蛋白质电泳相关试剂、缓冲液的配制方法

1. SDS–PAGE 电泳缓冲液（5×Tris– 甘氨酸 Buffer）

组分浓度：0.125 mol/L Tris，1.25 mol/L 甘氨酸，0.5%（m/V）十二烷基硫酸钠（SDS）。

配制方法：（1）称量下列试剂，置于 1 L 烧杯中，Tris 为 15.1 g；甘氨酸为 94 g；SDS 为 5.0 g。

（2）加入约 800 mL 去离子水，搅拌溶解。

（3）加入去离子水将溶液定容至 1 L 后，室温保存。

2. 蛋白质上样缓冲液（5×SDS–PAGE Loading Buffer）

组分浓度：250 mmol/L Tris–HCl（pH 6.8），10%（m/V）SDS，0.5%（m/V）溴酚蓝，50%（V/V）β– 巯基乙醇（2–ME）。

配制方法：（1）称量下列试剂，置于 10 mL 塑料离心管中，1 mol/L Tris–HCl（pH 6.8）为 1.25 mL；SDS 为 0.5 g；溴酚蓝为 25 mg；甘油为 2.5 mL。

（2）加去离子水溶解后定容至 5 mL。

（3）小份（500 μL，每份）分装后，于室温保存。

（4）使用前将 25 μL 的 2–ME 加到每份中。

（5）加入 2–ME 的 Loading Buffer 可在室温下保存一个月左右。

3. SDS-PAGE 浓缩胶（5% 丙烯酰胺 Acrylamide）配方表

各种组分名称	各种凝胶体积所对应的各种组分的取样量							
	1 mL	2 mL	3 mL	4 mL	5 mL	6 mL	8 mL	10 mL
H_2O	0.68	1.4	2.1	2.7	3.4	4.1	5.5	6.8
30% Acr-Bis（29∶1）	0.17	0.33	0.5	0.67	0.83	1.0	1.3	1.7
1.0 mol/L Tris-HCl（pH 6.8）	0.13	0.25	0.38	0.5	0.63	0.75	1.0	1.25
10% SDS（m/V）	0.01	0.02	0.03	0.04	0.05	0.06	0.08	0.1
10% 过硫酸铵（m/V）	0.01	0.02	0.03	0.04	0.05	0.06	0.08	0.1
TEMED	0.001	0.002	0.003	0.004	0.005	0.006	0.008	0.01

4. SDS-PAGE 分离胶配方表

各种组分名称	各种凝胶体积所对应的各种组分的取样量							
	5 mL	10 mL	15 mL	20 mL	25 mL	30 mL	40 mL	50 mL
6% 凝胶								
H_2O	2.6	5.3	7.9	10.6	13.2	15.9	21.2	26.5
30% Acr-Bis（29∶1）	1.0	2.0	3.0	4.0	5.0	6.0	8.0	10.0
1.5 mol/L Tris-HCl（pH 8.8）	1.3	2.5	3.8	5.0	6.3	7.5	10.0	12.5
10% SDS（m/V）	0.05	0.1	0.15	0.2	0.25	0.3	0.4	0.5
10% 过硫酸铵（m/V）	0.05	0.1	0.15	0.2	0.25	0.3	0.4	0.5
TEMED	0.004	0.008	0.012	0.016	0.02	0.024	0.032	0.04
8% 凝胶								
H_2O	2.3	4.6	6.9	9.3	11.5	13.9	18.5	23.2
30% Acr-Bis（29∶1）	1.3	2.7	4.0	5.3	6.7	8.0	10.7	13.3
1.5 mol/L Tris-HCl（pH 8.8）	1.3	2.5	3.8	5.0	6.3	7.5	10.0	12.5
10% SDS（m/V）	0.05	0.1	0.15	0.2	0.25	0.3	0.4	0.5
10% 过硫酸铵（m/V）	0.05	0.1	0.15	0.2	0.25	0.3	0.4	0.5
TEMED	0.003	0.006	0.009	0.012	0.015	0.018	0.024	0.03
10% 凝胶								
H_2O	1.9	4.0	5.9	7.9	9.9	11.9	15.9	19.8
30% Acr-Bis（29∶1）	1.7	3.3	5.0	6.7	8.3	10.0	13.3	16.7
1.5 mol/L Tris-HCl（pH 8.8）	1.3	2.5	3.8	5.0	6.3	7.5	10.0	12.5
10% SDS（m/V）	0.05	0.1	0.15	0.2	0.25	0.3	0.4	0.5
10% 过硫酸铵（m/V）	0.05	0.1	0.15	0.2	0.25	0.3	0.4	0.5
TEMED	0.002	0.004	0.006	0.008	0.01	0.012	0.016	0.02

续表

各种组分名称	各种凝胶体积所对应的各种组分的取样量							
	5 mL	10 mL	15 mL	20 mL	25 mL	30 mL	40 mL	50 mL
12% 凝胶								
H_2O	1.6	3.3	4.9	6.6	8.2	9.9	13.2	16.5
30% Acr–Bis（29：1）	2.0	4.0	6.0	8.0	10.0	12.0	16.0	20.0
1.5 mol/L Tris–HCl（pH 8.8）	1.3	2.5	3.8	5.0	6.3	7.5	10.0	12.5
10% SDS（m/V）	0.05	0.1	0.15	0.2	0.25	0.3	0.4	0.5
10% 过硫酸铵（m/V）	0.05	0.1	0.15	0.2	0.25	0.3	0.4	0.5
TEMED	0.002	0.004	0.006	0.008	0.01	0.012	0.016	0.02
15% 凝胶								
H_2O	1.1	2.3	3.4	4.6	5.7	6.9	9.2	11.5
30% Acr–Bis（29：1）	2.5	5.0	7.5	10.0	12.5	15.0	20.0	25.0
1.5 mol/L Tris–HCl（pH 8.8）	1.3	2.5	3.8	5.0	6.3	7.5	10.0	12.5
10% SDS（m/V）	0.05	0.1	0.15	0.2	0.25	0.3	0.4	0.5
10% 过硫酸铵（m/V）	0.05	0.1	0.15	0.2	0.25	0.3	0.4	0.5
TEMED	0.002	0.004	0.006	0.008	0.01	0.012	0.016	0.02

五、硫酸铵饱和度的常用表

1. 调整硫酸铵溶液饱和度计算表（25℃）

		硫酸铵终浓度，% 饱和度															
		10	20	25	30	33	35	40	45	50	55	60	65	70	75	80	90	100
		每 1 L 溶液加固体硫酸铵的克数①																
硫酸铵初浓度，% 饱和度	0	56	114	144	176	196	209	243	277	313	351	390	430	472	516	561	662	707
	10		57	86	118	137	150	183	216	251	288	326	365	406	449	494	592	694
	20			29	59	78	91	123	155	189	225	262	300	340	382	424	520	619
	25				30	49	61	93	125	158	193	230	267	307	348	390	485	583
	30					19	30	62	94	127	162	198	235	273	314	356	449	546
	33						12	43	74	107	142	177	214	252	292	333	426	522
	35							31	63	94	129	164	200	238	278	319	411	506
	40								31	63	97	132	168	205	245	285	375	469
	45									32	65	99	134	171	210	250	339	431
	50										33	66	101	137	176	214	302	392
	55											33	67	103	141	179	264	353
	60												34	69	105	143	227	314
	65													34	70	107	190	275
	70														35	72	153	237
	75															36	115	198
	80																77	157
	90																	79

① 在 25℃下，硫酸铵溶液由初浓度调到终浓度时，每升溶液所加固体硫酸铵的克数。

2. 调整硫酸铵溶液饱和度计算表（0℃）

		硫酸铵终浓度，% 饱和度															
		20	25	30	35	40	45	50	55	60	65	70	75	80	85	90	95	100
		每 100 mL 溶液加固体硫酸铵的克数[①]																
硫酸铵初浓度，% 饱和度	0	10.6	13.4	16.4	19.4	22.6	25.8	29.1	32.6	36.1	39.8	43.6	47.6	51.6	55.9	60.3	65.0	69.7
	5	7.9	10.8	13.7	16.6	19.7	22.9	26.2	29.6	33.1	36.8	40.5	44.4	48.4	52.6	57.0	61.5	66.2
	10	5.3	8.1	10.9	13.9	16.9	20.0	23.3	26.1	30.1	33.7	37.4	41.2	45.2	49.3	53.6	58.1	62.7
	15	2.6	5.4	8.2	11.1	14.1	17.2	20.4	23.7	27.1	30.6	34.3	38.1	42.0	46.0	50.3	54.7	59.2
	20	0	2.7	5.5	8.3	11.3	14.3	17.5	20.7	24.1	27.6	31.2	34.9	38.7	42.7	46.9	51.2	55.7
	25		0	2.7	5.6	8.4	11.5	14.6	17.9	21.1	24.5	28.0	31.7	35.5	39.5	43.6	47.8	52.2
	30			0	2.8	5.6	8.6	11.7	14.8	18.1	21.4	24.9	28.5	32.3	36.2	40.2	44.5	48.8
	35				0	2.8	5.7	8.7	11.8	15.1	18.4	21.8	25.4	29.1	32.9	36.9	41.0	45.3
	40					0	2.9	5.8	8.9	12.0	15.3	18.7	22.2	25.8	29.6	33.5	37.6	41.8
	45						0	2.9	5.9	9.0	12.3	15.6	19.0	22.6	26.3	30.2	34.2	38.3
	50							0	3.0	6.0	9.2	12.5	15.9	19.4	23.0	26.8	30.8	34.8
	55								0	3.0	6.1	9.3	12.7	16.1	19.7	23.5	27.3	31.3
	60									0	3.1	6.2	9.5	12.9	16.4	20.1	23.1	27.9
	65										0	3.1	6.3	9.7	13.2	16.8	20.5	24.4
	70											0	3.2	6.6	9.9	13.4	17.1	20.9
	75												0	3.2	6.6	10.1	13.7	17.4
	80													0	3.3	6.7	10.3	13.9
	85														0	3.4	6.8	10.5
	90															0	3.4	7.0
	95																0	3.5
	100																	0

① 在 0℃下，硫酸铵溶液由初浓度调到终浓度时，每 100 毫升溶液所加固体硫酸铵的克数。

读者意见反馈

为收集对教材的意见建议，进一步完善教材编写并做好服务工作，读者可将对本教材的意见建议通过如下渠道反馈至我社。

咨询电话　400-810-0598

反馈邮箱　gjdzfwb@pub.hep.cn

通信地址　北京市朝阳区惠新东街4号富盛大厦1座　高等教育出版社总编辑办公室

邮政编码　100029

防伪查询说明

用户购书后刮开封底防伪涂层，使用手机微信等软件扫描二维码，会跳转至防伪查询网页，获得所购图书详细信息。

防伪客服电话　　（010）58582300